DE

VITICULTUR

AVEC

Description des Cépages les plus répandus

Contenant la reproduction photographique de certai
variétés de vignes

PAR

Joseph DAUREL

Président de la Société d'Horticulture de la Gironde.

Prix : 2 fr. 50

BORDEAUX

FERET et FILS	CATROS-GÉRA
LIBRAIRES	MARCHAND GRAINIER
15, Cours de l'Intendance,	25, Allées de Tourny

ÉLÉMENTS

DE

VITICULTURE

AVEC

Description des Cépages les plus répandus

ntenant la reproduction photographique de certaines variétés de vignes

PAR

Joseph DAUREL

Président de la Société d'Horticulture de la Gironde.

Prix : 2 fr. 50

BORDEAUX

FERET et FILS	CATROS-GÉRAND
LIBRAIRES	MARCHAND GRAINIER
, Cours de l'Intendance,	25, Allées de Tourny, 25,

PRÉFACE

Depuis les multiples fléaux qui ont accablé la viticulture et ont forcé les propriétaires à chercher les moyens les plus actifs et les plus certains pour se débarrasser de ces ennemis redoutables, on a publié de très importants volumes sur la viticulture qui est devenue une vaste science. Beaucoup de questions ignorées autrefois ont été approfondies. Aussi, en publiant cette brochure, je n'ai pas la prétention de combler aucune lacune. Je viens seulement relater le résultat de mes observations et de celles dont plusieurs viticulteurs m'ont fait part.

Dans ces *Éléments de viticulture* je donne une large place à la détermination des terrains et aux variétés de porte-greffes qui s'y adaptent le mieux. L'affinité et le choix des cépages font l'objet de plusieurs chapitres.

Pour ne pas empiéter sur mon ouvrage : *Quelques mots sur les vignes américaines*, je passe rapidement en revue : les systèmes de greffage, les producteurs directs, les soins et les engrais à donner aux vignes, les divers insecticides et les moyens pour combattre le phylloxera et les maladies cryptogamiques.

Une deuxième partie de ce travail est consacrée à la description des cépages de notre région et à ceux qui sont le plus répandus en France.

Malgré de grandes difficultés de classification, j'ai recherché les synonymies des principales variétés françaises qui changent souvent de nom sans différer d'aspect et qui possèdent des caractères qui sont propres à chaque espèce-type. Enfin, j'ai décrit les nombreuses variétés américaines qui ne sont citées ici pour la plupart qu'à titre de document, pour engager le plus souvent les propriétaires à ne pas les cultiver, ou au moins à les essayer avant d'en faire en grand la culture.

Je serai heureux et récompensé de mes efforts, si mes renseignements peuvent être utiles à quelques viticulteurs.

Bordeaux, le 2 Février 1889.

JOSEPH DAUREL.

TABLE DES MATIÈRES

TABLE DES MATIÈRES

LISTE GÉNÉRALE

DES ESPÈCES ET DES VARIÉTÉS DE VIGNES DÉCRITES

ÉLÉMENTS

DE

VITICULTURE

AVEC

Description des cépages les plus répandus

PREMIÈRE PARTIE

I. — De la réussite des vignes greffées. — Définition du sol et du sous-sol.

Aujourd'hui ce n'est plus le moment de prouver qu'on peut reconstituer nos vignobles par la vigne américaine ; déjà les efforts des premiers planteurs sont couronnés de succès.

L'année 1888 a converti aux vignes greffées, les plus endurcis parmi les incrédules. Les ceps qui ont subi cette opération, qu'ils soient actuellement jeunes ou âgés, ont tous donné une abondante récolte.

Cependant si, grâce aux racines américaines, on peut conserver sur les coteaux, dans les vallées ou dans les plaines non submersibles, les anciennes variétés d'Europe qui fournissaient nos vins de France si estimés, il y a encore dans cette intéressante question de la reconstitution des vignobles, des points bien obscurs : il faut toujours essayer, tâtonner presque, dirons-nous, pour donner au sous-sol le porte-greffe qui lui convient.

Avant le phylloxéra, les vignes françaises réussissaient presque dans

tous les terrains ; dans chaque région on plantait le cépage qui parais-
sait le plus convenable comme qualité et le plus productif dans la
contrée et on ne s'en préoccupait plus. Maintenant, il faut adapter les
vignes américaines au sol et au climat ; elles ne prospèrent pas également dans tous les terrains.

Il est donc nécessaire avant la plantation d'examiner la nature du
sol, car il y a beaucoup de terrains en apparence similaires à la surface,
qui sont très dissemblables à une certaine profondeur, là où la vigne
doit pénétrer par ses racines et y croître, enfin s'y développer. Cette
couche de terre s'appelle le *sous-sol*. C'est la nature de cette terre qu'il
faut étudier avant de planter un vignoble. C'est la partie du sol qui se
trouve entre la couche arable ou végétale et la couche imperméable
qu'on appelle roche ou tuf.

Mais disons en peu de mots ce que c'est que la terre arable ou terre
végétale, celle que nous voyons et qui joue un double rôle vis-à-vis des
plantes : elle leur sert de support et constitue pour elles un réservoir,
une sorte de garde-manger où elles puisent leur nourriture. Mais ce
support peut être plus ou moins solide, plus ou moins résistant, ce
garde-manger peut conserver les aliments des plantes plus ou moins
bien et plus ou moins longtemps; il y a donc lieu de distinguer dans les
terres arables. Cependant, ce qui différencie les terres est moins l'ab-
sence et la présence de tels ou tels éléments constitutifs, que la prédo-
minance de tel ou tel autre. Un grand nombre de matériaux concourent à la formation du sol arable, comme du reste des sous-sols ; les
quatre principaux sont : l'*argile*, la *silice*, le *calcaire* et l'*humus*.

La combinaison de ces divers éléments constitue la diversité des sols
et des sous-sols.

Outre ces quatre substances fondamentales, on trouve dans les terres
d'autres substances qui pour être moins abondantes et moins essentielles,
n'en jouent pas moins un rôle d'une certaine importance. Parmi ces
produits, nous devons surtout mentionner : la *Magnésie* ou oxyde de
magnesium qui se trouve dans bon nombre de terres à l'état de carbonate de magnésie, accompagnant le carbonate de chaux.

Le *fer*, qui à l'état d'oxyde communique aux terres arables la couleur
bruné, jaune ou rouge qu'on leur connaît. Du reste cette substance
joue un certain rôle dans l'alimentation des plantes et des vignes

américaines en particulier. N'est-ce pas dans les sols ferrugieux qu'elles réussissent le mieux ?

Le *manganèse*, à l'état d'oxyde également, se trouve dans bon nombre de sols ; il colore les terres en brun rougeâtre plus ou moins intense.

La *potasse* est un élément important des terres végétales et surtout de la vigne; dans les terrains potassiques elle sera beaucoup plus fructifère.

Le *sulfate de chaux* ou plâtre se rencontre dans certaines terres, pas dans toutes ; il y est généralement peu abondant.

Le *phosphate de chaux* dans les terres se trouve presque toujours associé aux phosphates de fer, de magnésie et d'alumine; il constitue la principale source d'acide phosphorique pour les plantes, et il n'est, pour ainsi dire, pas de terres cultivées qui n'en renferment une certaine proportion.

Les autres substances qu'on trouve dans les terres arables ont trop peu d'importance pour être citées.

Lorsqu'on creuse un tant soit peu profond dans la terre arable, on ne tarde pas à s'apercevoir qu'à un certain niveau la structure du sol n'est plus du tout semblable à la superficie ou *sol actif*, par opposition à la partie située au-dessous qui est désignée sous l'appellation de *sous-sol*.

Comme son nom l'indique, c'est la partie du sol située au-dessous de la partie cultivée, de la terre végétale.

Le *sous-sol* peut être de même composition que le *sol* ou de composition différente : cela dépend du mode de formation de la terre arable.

Entre le sol actif et le sous-sol, la ligne de démarcation n'est pas toujours aussi nette qu'on pourrait le supposer; généralement il y a une partie intermédiaire appelée *sol vierge*, qui n'est pas attaquée par les instruments aratoires; sa composition est la même que celle du sol quant aux substances minérales; seules les matières organiques, l'humus, font défaut ou bien on n'en trouve que des traces insignifiantes.

La nature des terres arables, de l'avis de tous les agriculteurs, est très fortement modifiée par celle du sous-sol sur lequel elles reposent ; c'est à tel point dans la plupart des cas, qu'on ne peut apprécier la valeur d'une terre que lorsqu'on connaît la nature du sous-sol.

S'il est nécessaire pour une plante d'être fixé sur la qualité du *sous-sol*, c'est pour la vigne. C'est dans ce milieu qu'elle vit, que ses racines puisent les aliments indispensables à son existence et à son développement normal.

II. — Détermination des terrains et des vignes américaines qui y réussissent.

La profondeur des terrains consiste dans la couche ou épaisseur de terre arable ou végétale qui est très variable ; elle est dite *profonde* lorsqu'elle dépasse 35 centimètres, *moyenne* lorsqu'elle en a 15 au moins, et faible lorsqu'elle en a moins de 12.

Lorsqu'on veut exécuter une plantation de vigne, le défoncement à 45-50 centimètres est suffisant. Si le terrain était homogène à une grande profondeur, jusqu'à 75 centimètres et même à un mètre on pourrait lui donner du guéret avec profit. Mais cela n'est pas nécessaire, car dans un sol défoncé à 50 centimètres la vigne peut parfaitement se développer et n'en demande pas davantage.

Mais au contraire, lorsque les sous-sols sont de mauvaise qualité, si la couche arable n'a que 30 centimètres, il y aurait un grand inconvénient à approfondir le sol davantage, à mélanger à une excellente terre végétale des éléments nuisibles. Si la couche végétale n'est pas très épaisse, mais constituée avec une bonne terre franche, reposant sur un sol fortement calcaire, marneux, il faut alors choisir les porte-greffes à petite végétation ayant des racines traçantes pouvant végéter dans ce milieu peu profond.

Maintenant que nous avons exposé ce qu'on entend par *sol* et *sous-sol*, étudions la question la plus essentielle de ce travail, la plus importante pour celui qui veut reconstituer son vignoble : c'est d'adapter au *sous-sol* le porte-greffe ou le producteur direct qui lui convient ; et n'oublions pas que chaque variété de vigne américaine a ses exigences particulières :

1° Dans la *terre franche* ou d'alluvion qui couvre le fond des vallées participant à la fois de la nature des terres fortes et de celle des terres légères, et tenant le milieu entre elles sous le rapport de la ténacité : sur 100 parties, la terre franche contient en moyenne 50 à 60 parties de sable et de gravier, 25 à 30 parties d'humus, quelques sels de fer, de phosphore ou de potasse. Elle est meuble, consistante et pénétrable à l'eau. L'eau ne séjourne jamais à sa surface, les labours s'y donnent plus facilement et plus souvent que dans les autres sols. Ces terrains sont appelés sains parce qu'ils reçoivent et laissent échapper avec mesure, alternativement l'humidité et la chaleur dans les conditions de temps et de quantité les plus favorables à la végétation des plantes.

Dans ces terrains, comme porte-greffe ou producteur direct, on plantera avec succès les *Riparia, Vialla, Solonis, Jacquez, Taylor, Herbemont, Noah, Black-Eagle, Duchess, Secretary, Othello (Cynthiana* et *Norton Virginia,* si le sol est rouge, ferrugineux).

2° Si les sols du premier groupe sont à la fois *siliceux, profonds, souples* et *perméables* et très nettement *ferrugineux,* toutes les vignes américaines y réussissent, même les hybrides les moins résistants, car ces sols sont très profonds et peu sujets au phylloxéra et les vignes américaines aiment l'oxyde de fer.

3° Dans les sols *sablonneux* ayant 75 pour cent de *silice,* on peut mettre aussi tous les cépages américains qu'on voudra. Comme porte-greffes on choisira parmi les meilleurs *Riparia, Vialla, Solonis, Clinton, Taylor,* etc. Comme producteurs directs : *Canada, Cornucopia, Black-Defiance, Brant, Black-Eagle, Secretary, Triumph, Noah, Green's Elvira,* qui redoutent le phylloxéra dans les argiles, y fournissent des récoltes aussi abondantes que nos anciens cépages. Ce sont du reste dans les producteurs directs ceux qui donnent le vin qui se rapproche le plus des vins fournis par nos anciennes variétés françaises

Dans le mélange du sable et de l'argile, si le sable domine on appelle ces terrains des *boulbènes ;* ils sont généralement froids. On réussira comme porte-greffes : *Solonis, Riparia, Vialla, Jacquez, Herbemont, Noah.*

4° Dans les sols *argilo-siliceux,* profonds, colorés en rouge, les vignes américaines prospèrent toutes. Les *Riparia, Vialla, York* sont indiqués comme porte-greffes. Si l'*argile* dominait la *silice* et si le sous-sol était un peu plus humide et plus compact, le *Jacquez,* le *Vialla* et le *Solonis* devraient être préférés. L'*Herbemont,* le *Cynthiana,* le *Cuningham,* l'*Othello,* le *Secretary,* le *Noah,* s'y comportent très bien. (Il est bien entendu qu'on peut greffer avec succès pour ces terrains et pour bien d'autres l'*Herbemont,* le *Cuningham* et le *Noah.*)

5° Si le sol est *argileux* compacte, mais si le sous-sol est *sablonneux,* les racines de toutes les vignes américaines se développent parfaitement dans ce milieu meuble et perméable.

6° Autre hypothèse d'un sous-sol *sablonneux* mélangé très légèrement d'*argile rouge;* on appelle ces terrains *terre tape.* Les *Vialla, Franklin, Riparia, Jacquez, Herbemont, Noah, Othello, Duchess, Green's Elvira, Secretary,* y réussissent parfaitement. Ces sous-sols de sable rouge (*terre tape*) sont très fréquents dans l'Entre-deux-Mers, partie de la Gironde comprise entre la Gironde et la Dordogne. Avant d'y planter comme porte-greffe le *Riparia,* il faut se rendre compte si les eaux s'écoulent bien, si le sol est sain, car il faut à ce plant 40 à 50 centimètres de profondeur pour qu'il puisse bien croître et prospérer. Si le terrain était trop humide on devrait planter le *Vialla,* le *Solonis* ou le *Jacquez.*

7° Si le sol est surtout *argileux fort,* mais si les eaux s'écoulent, on plantera avec succès *Riparia, Vialla, Herbemont, Cuningham, Cynthiana, Black-July, Noah, Othello.*

Autre exemple : si le *sous-sol* était *très fort, assez compacte et humide,* les *Jacquez, Solonis, Cuningham, Cinerea* seront des porte-greffes qui y seront à leur place. Comme producteurs directs : *Herbemont, Noah.*

8° Si la terre est véritablement *argileuse,* si elle n'est pas pénétrable à l'eau, si elle forme une pâte collante qui se pétrit dans les doigts sans laisser de tache, ce sol se durcit considérablement pendant la sécheresse au point que la charrue ne peut l'entamer. On doit s'abstenir de cultiver la vigne dans cette nature de terrain quand même elle ne contiendrait que 80 pour 100 d'argile et le restant de sable.

Dans ces terres compactes, malgré un bon défoncement, le tassement s'opère avec rapidité; alors les feuilles des vignes jaunissent, à mesure que le sol perd sa souplesse. Dans le cas où l'argile n'a que 30 centimètres de profondeur et repose sur le rocher, on propagera avec succès *Rupestris, Vialla, York.* Si le sol est argileux calcaire et le sous-sol gras avec quelques cailloux, *Riparia, Jacquez, Herbemont, Cuningham, Noah, Cynthiana.*

9° Si le sol est mélangé d'argile, de sable et de calcaire, si ce sous-sol très fréquent, est perméable comme sur beaucoup de coteaux où on cultivait la vigne française, on plantera : *Riparia, Solonis, York*

Madeira, Rupestris, Cuningham, Jacquez, Herbemont, Noah, Elvira, Duchess, Secretary, Canada.

10° Mais dans un terrain *caillouteux sablonneux* à la surface et possédant à 25 centimètres de profondeur un sous-sol mélangé d'un *sable blanchâtre* gras qui contient de la chaux (sol siliceux calcaire), le terrain est toujours très frais, car il est peu perméable. Nous avons réussi dans un milieu semblable : *Vialla, York Madeira, Cuningham, Noah* ; tandis que l'*Herbemont* vient mal, il y est chétif et ne pousse pas.

Du reste, l'Herbemont qui se contente d'un sol fortement *argileux* et même un peu *calcaire* ne veut pas d'un sol où domine la *grave argileuse.*

Si la *grave* du sol est mélangée d'*argile* ou bien de *sable* comme dans le cas précédent et repose sur un sol *argilo-calcaire,* les variétés *Cinerea, Vialla, Solonis, Cuningham, Noah* y végéteront assez bien.

Ou bien, dans un sous-sol *caillouteux* composé de calcaire durci on placera avec raison le *Rupestris.*

C'est le cas dans ces sols *argilo-calcaires* d'essayer l'*Hybride Azémar,* qui est un *Hybride d'Æstivalis* et de *Riparia,* le *Rupestris Ganzin* et le *Cordifolia Rupestris* de *Grasset.* Dans les *terres caillouteuses,* sèches, arides, on placera avec profit : *Rupestris, York Madeira.* Si le sous-sol est *caillouteux, argileux,* contenant des *silex* roulés dans de l'*argile,* ce qui rend le terrain très frais, il faut alors planter : *Solonis, Vialla, Jacquez, Noah.*

11° Les terres *calcaires* sont généralement de couleur claire, peu tenaces et plutôt friables ; lorsqu'elles sont humides, elles s'attachent aux instruments de culture : en se séchant, les sols calcaires forment croûte et se fendillent. Sur 100 parties, ils renferment 15 à 40 parties de *chaux* et une quantité variable d'*argile,* de *sable* et d'*humus.* Plus la *chaux* s'y trouve au-dessus de 40 parties, plus cette terre est stérile ; elle prend alors le nom de terre *crayeuse.* Dans les terres *calcaires* à sous-sols *crayeux* peu profonds ou *granitiques,* on essayera comme porte-greffes *Solonis, Rupestris.*

On appelle *marne* le mélange de la chaux minérale et de l'argile. Dans ces derniers terrains marneux on recommande le *Solonis, Cinerea, Rupestris.* Dans les terres *blanches* ou *grisâtres* : *Jacquez.* Terres profondes avec fond de *tuf* : *Solonis.*

Les terres calcaires, par rapport à leur couleur blanche, s'échauffent difficilement, conservent l'eau à l'intérieur et forment après les pluies une croûte à leur surface.

Ces terrains dans lesquels la silice est à peu près absente et de couleur blanche, manquent d'oxyde de fer, ils sont compacts et se tassent difficilement, imperméables, peu profonds et sont dans la plupart des cas réfractaires aux vignes américaines. Jusqu'à présent on avait tenté des efforts inutiles et en pure perte pour les reconstituer. Cependant M. Pierre Vialla, dans le rapport qu'il vient de publier sur son voyage en Amérique, indique qu'il a vu au Texas, trois cépages qui prospèrent le mieux dans les terrains où les sols et les sous-sols sont formés de calcaires blancs ; ce sont : le *Vitis Cinerea* (Engelman), le *Vitis Cordifolia* (Michaux) et le *Vitis Berlandieri* (Planchon). Dans les terrains riches, frais, mais calcaires, le *Vitis Candicans* ou *Mustang* prend en Amérique un grand développement, mais vient moins bien dans les terrains crétacés que les trois précédents, *Cinerea, Cordifolia, Berlandieri*.

Malheureusement ces variétés si rustiques reprennent difficilement de boutures.

Beaucoup de semeurs persévérants ont cherché depuis quelques années à obtenir des hybrides résistants et poussant avec vigueur dans les terres blanches.

M. Couderc, d'Aubenas (Ardèche), croit avoir trouvé toutes ces qualités désirées dans son hybride d'*Emily* et du *York*, qu'il appelle le *Cognac*.

12° Dans les sols marécageux, humifères et tourbeux, on plantera avec succès le *Jacquez* et le *Cinerea*.

13° Les sols granitiques ou schisteux sont un composé de sable ou de gravier résultant de la division de la roche ou pierre dure appelée granit. Le schiste est une pierre qui se détache par feuille comme l'ardoise. On donne ce nom générique de *schiste* à toutes les pierres qui se divisent en lames quelle que soit la consistance de ces lames. Un terrain de granit ou de schiste pur est impropre à toute culture, mais lorsqu'il y entre une certaine quantité d'argile, de chaux ou d'humus, ces sols peuvent recevoir la vigne. Comme porte-greffe on emploiera, si le sol s'égoutte, *Riparia* ou *Vialla, Jacquez, Solonis*. Dans les terrains de landes qui reposent sur l'*alios* on essaiera le *Solonis* et le *Riparia* si le sol est bien perméable.

En résumé, avant d'opérer une plantation il faut avec soin étudier le *sol*, mais surtout le *sous-sol* où les racines de la vigne devront vivre et se développer (1). Si le terrain était imperméable, compact, se tassant facilement, il sera nécessaire avant la plantation d'employer un bon drainage. Toutes les opérations qui auront pour but de rendre la terre plus souple, plus perméable, seront favorables à la culture de la vigne.

Les vignes américaines se plaisant beaucoup dans les terres rouges ferrugineuses, l'emploi du sulfate de fer en dissolution dans les terrains facilite l'adaption des cépages du sol.

La question de l'adaptation au climat est très importante pour les producteurs directs; elle joue aussi un très grand rôle pour les porte-greffes. Il y a des espèces qui réussissent mieux sous des climats tempérés. C'est ainsi que, dans le Midi, le *Vialla*, le *Solonis* végétent très mal, et que dans la région méditerranéenne très sèche, le *Jacquez* et le *York* laissent beaucoup à désirer comme porte-greffe. Le fléau phylloxérique est du reste moins intense dans notre région que dans le Midi, d'où on en peut conclure que plus le climat est chaud et les terrains secs, plus il y a de phylloxéra.

L'*Herbemont*, est un excellent porte-greffe pour les terres argileuses (2). Le *Jacquez* ne se déplaît pas dans les sols humides, le *Vialla* et le *Solonis* aiment les terrains frais. Tandis que le *Riparia* est le porte-greffe le plus estimé dans les plaines argileuses du Midi où le sol est sain et profond ; avec le *Rupestris* qui rend de grands services sur les coteaux et les plateaux calcaires.

III. — Affinité du porte-greffe et du greffon.

Le *terrain* du *greffon c'est le porte-greffe*, et ce dernier ne peut transmettre que les sucs nourriciers qu'il trouve dans le sol, après s'être

(1) Pour composer un échantillon du sol dans lequel on voudra planter de la vigne et le soumettre préalablement à l'analyse, il faudra, en différents points (de 5 à 10 mètres), creuser un trou avec une bêche et prendre toujours avec la bêche une tranche allant de bas en haut du trou. Ces trous doivent avoir de 30 à 40 centimètres cubes de profondeur.

Cela fait, réunir ensemble ces tranches, les bien mélanger, sans enlever les pierres, étendre le mélange et prélever deux kilogrammes en prenant dans tous les points des tranches mélangées. Ce sont ces deux kilogrammes de terre qui seront analysés.

(2) Depuis un an, vu le bon marché des boutures d'Herbemont on a beaucoup greffé cette variété qui réussit très bien à la greffe et mérite d'être employée pour cet usage.

gardé ce qui lui est nécessaire pour son existence propre. Si le sol est maigre, s'il n'est pas adapté au porte-greffe, s'il y a des lésions dans la soudure, il y a alors manque ou déperdition de sève ou de nourriture au détriment du greffon, qui alors végète mal et dépérit. Il est donc essentiel de rechercher dans le greffage l'affinité entre le porte-greffe et le greffon (1). Pour soutenir cette vérité, des viticulteurs très pratiques ont pensé qu'il valait mieux greffer un porte-greffe peu résistant, mais dont l'affinité avec le greffon est parfaite, qu'un autre plus résistant, mais dont l'affinité laisserait à désirer.

Nous n'irons pas aussi loin que cette théorie, car il est prouvé que la greffe affaiblit le sujet et le rend moins indemne aux piqûres de l'insecte. Si on prend pour l'opération du greffage un hybride qui ne résiste pas, on l'affaiblira encore sans résultat. Il faut donc trouver un porte-greffe qui se plaise bien dans les terrains qu'on veut planter, et qui s'allie aussi très bien avec le greffon. Il ne faut pas croire que les vignes sauvages les plus vigoureuses et qui donnent de beaux produits dans les premières années de la plantation, soient les meilleures ; non, elles deviennent ensuite insensiblement peu fructifères et demandent pour produire des fumures abondantes et nombreuses.

Il faut choisir dans les *Riparia* ceux qui ne forment pas de bourrelet après quatre années de greffe.

Les hybrides de *Riparia* et d'*Æstivalis* qui sont issus de semis ou de croisements successifs avec des variétés européennes, auront plus d'affinité parce qu'ils sont plus rapprochés de l'espèce botanique de nos *Vitis vinifera*. Il se passe pour la vigne greffée sur *Riparia* et sur toute autre variété de vigne sauvage, ce qui a lieu pour les poiriers greffés sur cognassiers ; la végétation du greffon est très vigoureuse les premières années, les arbres se mettent plus tôt à fruits et ces derniers sont plus beaux, plus savoureux ; les racines s'enfoncent peu dans le sol. Tandis que pour le poirier greffé sur franc, la végétation est moins vigoureuse les

---

(1) M. Gaillard, le distingué viticulteur lyonnais, soutient : « Que la *résis-* « *tance est essentiellement liée à l'affinité*. Il est admis, en effet, que les vignes « greffées émettent d'autant plus de racines au greffon que l'affinité est moindre. « Des porte-greffes peu résistants supportent des greffes d'une grande vigueur. « C'est à l'affinité seule qu'il faut attribuer cette grande exubérance de vie. « De plus, moins l'affinité est grande, plus vite le cep produira mais, plus « vite il s'épuisera. Ainsi de deux greffes, l'une sur *Vialla*, l'autre sur *Solonis*, « la première durera beaucoup plus que la seconde, mais coulera plus souvent. « La fructification hâtive est au détriment de la longévité. »

premières années, mais généralement cette végétation augmente d'année en année ; il se met beaucoup plus tardivement à fruits, les racines s'enfoncent profondément dans le sol.

Pour prouver notre thèse, nous avons étudié la réussite de nos cépages avec les porte-greffes les plus usités et nous avons trouvé que le *Vialla* et le *York Madeira*, qui sont des hybrides, s'adaptaient parfaitement avec toutes nos *variétés européennes* (*Vitis vinifera*). Le *Jacquez* recevait facilement la greffe du *Cabernet Sauvignon* et du *Cabernet franc*. L'*Herbemont* s'identifiait parfaitement avec le *Merlot*, le *Cabernet* et le *Petit Bouschet*.

Nous expliquons cette réussite par l'affinité plus grande qui existe entre les *Vitis Æstivalis* et nos anciens cépages. Les semis du *Jacquez* ne se rapprochent-ils pas de nos vignes européennes en s'éloignant sensiblement de l'*Æstivalis* type ?

Le *Solonis* reçoit avec un certain succès presque toutes les variétés de nos cépages, mais le *Malbec* et le *Mansenc* réussissent très mal sur ce porte-greffe.

Le *Riparia* qui est aussi réfractaire à certaines variétés reçoit par l'opération du greffage avec facilité : *Cabernet, Merlot, Béquignol* ou *Fer, Petit Bouschet, Alicante, Chasselas, Carignane, Aramon*, etc.

Le *Cuningham* qui est un porte-greffe vigoureux dans les sols caillouteux, ferrugineux, doit être placé dans le sol qui lui convient ; autrement il est infertile et alors ce défaut rejaillit sur le greffon. Les *Chasselas* et les *Muscats*, etc., se comportent bien avec ce porte-greffe.

Le *Rupestris* réussit assez difficilement à la greffe ; mais une fois greffé, c'est un superbe porte-greffe Il est préférable de le greffer sur place que sur table, il réussit beaucoup mieux.

L'*Elvira* et le *Noah* s'allient par le greffage avec toutes nos variétés françaises.

L'*Othello* est un excellent porte-greffe, ayant beaucoup d'affinité avec tous nos cépages européens. Du reste, la résistance de l'*Othello* est assez étendue, il s'adapte parfaitement à la plupart de nos terrains du Sud-Ouest, surtout dans les sols argileux frais ; on peut donc l'essayer comme porte-greffe.

Les vignes greffées sur espèces sauvages, *Riparia, Cordolia, Solonis, Rupestris*, se mettent plus tôt à fruits et leur rendement sera plus abondant les premières années que si elles ont pour porte-greffe le *Vialla*, le *York Madeira*, le *Jacquez* ou des hybrides qui sont plus lents à produire et dont la durée de production devra être alors plus longue. Cependant nous connaissons des vignes greffées sur *Riparia* depuis au moins quatorze ans, dont la production s'est maintenue très abondante dans de bons terrains très favorables à ces porte-greffes.

IV. — Effet du greffage. — Choix des variétés de vignes.

La greffe est un moyen rapide et sûr de reconstituer nos vignobles en opposant au phylloxéra des racines américaines résistantes sur lesquelles on adapte nos cépages français ou européens (*Vitis vinifera*).

La greffe a surtout pour but de fixer les espèces et de faciliter en peu de temps la propagation des bonnes variétés de fruits tout en conservant le maintien des individualités tant du porte-greffe que du greffon. En effet, leurs natures respectives n'agissent pas l'une sur l'autre, chaque espèce reste elle-même (1).

Le porte-greffe ne peut influer sur le greffon et réciproquement, que comme quantité de sève reçue et rendue, et non comme nature ni espéce.

Ces principes admis, on voit que le greffage ne changera pas le caractère de nos vins.

Dans la Bourgogne et dans la Gironde on s'est préoccupé de conserver nos anciens cépages qui ont fait notre réputation vinicole.

Dans le midi de la France, on s'est inquiété de produire beaucoup et le plus abondamment possible des vins à bon marché. Les producteurs directs américains, dont un grand nombre s'acclimateraient mieux à notre région tempérée qu'au climat méridional, ne sont pas susceptibles de donner des rendements aussi considérables que les *Aramon, Bobal, Carignane, Cinsaut* ou *Œillade, Grenache, Mourvèdre, Morastel, Terret noir*, très répandus autrefois, et les hybrides du *Bouschet* très cultivés aujourd'hui.

Malgré la difficulté du greffage et la cherté des plants, en présence de la production si hâtive des vignes greffées, on a presque un béné-

(1) Voir dans notre ouvrage : *Quelques mots sur les vignes américaines : De la Greffe* (p. 17).

fice à pratiquer cette opération délicate. Autrefois une vigne plantée
en sarments-boutures ne commençait à donner qu'au bout de six ou
sept ans ; aujourd'hui, à la troisième et quatrième feuille, la vigne
paie largement tous les prix d'achat des plants et de premier établis-
sement du vignoble.

Cette production des vignes greffées se continue très longtemps ; les
racines américaines étant très vigoureuses, transmettent plus de sucs
nourriciers, plus de vigueur aux greffons ; aussi les vignes greffées sont
moins sujettes à la coulure et la maturité des raisins est plus précoce
que sur celles qui n'ont pas été soumises à cette opération. Pour si bien
que la soudure soit faite, elle n'en constitue pas moins une entrave plus
ou moins grande à la circulation de la sève, et l'on sait qu'en arboricul-
ture toutes les opérations, comme la torsion, l'arcure, ou le demi-casse-
ment des rameaux fructifères, l'incision annulaire qui entravent la
circulation de la sève, ont pour conséquence de faciliter la fructification
et même d'accroître le nombre de fruits. La sève est tamisée au point
de soudure, elle est pour ainsi dire épurée, aussi les fruits récoltés sur
les arbres greffés sont plus sains, plus savoureux et meilleurs.

Il est parfaitement admis que c'est le terrain qui fait le vin ; mais le
cépage donne au vin la couleur et la finesse. Suivant les éléments con-
tenus dans le sol, le vin sera quelquefois plus coloré, contiendra plus de
tannin et sa force alcoolique sera plus grande.

La qualité du cépage influe beaucoup sur la conservation des vins et
leur durée. Les cépages fins du Médoc et des Graves fournissent ces
vins exquis dont la vieillesse est si apprécié ; tandis qu'avec les gros
cépages la force alcoolique du vin baisse promptement, aussi ils ne
durent pas. Pour faire des vins de longue garde, il faut des *cépages
fins*.

Devant la concurrence étrangère qui a jeté sur les marchés français des
quantités considérables de vins communs, on est d'avis dans notre département de multiplier les variétés qui ont fait notre ancienne renommée.
Une question économique se pose, la culture est beaucoup plus coûteuse qu'autrefois. La vigne est environnée d'ennemis qu'il faut sans
cesse surveiller et combattre. Jamais nous ne produirons autant que
les contrées méridionales de la France ou de l'Europe. Vendrons-nous
les vins communs récoltés dans nos contrées un prix rémunérateur ? —

Les vendrons-nous ? Voilà bien des questions qui sont soulevées et qu'il est difficile de résoudre.

Aussi, bien des propriétaires sont convaincus qu'il faut reconstituer nos vignobles rouges avec des cépages fins, comme les suivants :

Cépages Rouges.

Le *Merlot* qui est fertile, hâtif et produit un vin fin très justement estimé.

Le *Cabernet Sauvignon*, fertile, peu sujet au mildew, est cependant attaqué par l'anthracnose qu'on peut combattre au premier soufrage avec de la chaux hydraulique en poudre ; on en saupoudre les grappes, les sarments et les feuilles. — Vin très fin avec un bouquet apprécié. Ce cépage est très régulier dans sa production ; ne coule pas.

Le *Cabernet franc* ou *Gros Cabernet*, très cultivé dans les grands crus de Pauillac et de Saint-Estèphe ; vin délicat, parfum agréable (1).

Malbec, cépage fertile, hâtif, abondant, la graine se fond ; fournit un très bon vin. Quoiqu'il soit sujet à la coulure (greffé il le sera moins), et quand il ne donne même qu'une récolte moyenne, sa production est toujours abondante.

Carmenère, ancien cépage qu'on avait abandonné en Médoc et qui produit un vin délicat et excellent. Cette variété pour produire beaucoup exige une taille longue.

Verdot petit ou *Bouton blanc* ; cultivé dans les graves où il n'est pas si fertile qu'en terrain riche de palus, mais le vin est délicat et a beaucoup de corps. ce cépage rend de grands services dans les palus du Médoc, où on le mélange avec le *Verdot Colon* qui est une variété plus fertile et plus abondante ; réunis ensemble dans la cuve, ils donnent du nerf et de la tenue aux vins. dans les sols riches de nos coteaux argilo-siliceux, ces variétés seront propagées avec utilité, pour la prodnction des *vins de grand ordinaire*.

(1) En Médoc, l'encépagement en général se compose du *Cabernet Sauvignon*, du *Cabernet franc* et du *Merlot* pour la plus grande partie, avec quelques *Malbecs*. On a planté dans certaines propriétés du *gros Verdot* pour avoir l'abondance et du *petit Verdot* dont le vin a un bouquet agréable et se conserve lontemps. Le *Pignon* est très cultivé dans le bas Médoc ; c'est un cépage productif. En palus du Médoc on cultive actuellement le *Verdot Colon*, le *St-Macaire*, le *Machouquet*, qui produisent abondamment, le *Cabernet Sauvignon* et le *Petit Verdot* qui réussissent très bien dans ces terrains.

Voilà, en résumé, les cépages du Médoc et de Graves qui servent à faire les grands vins. En greffant et en multipliant ces variétés connues, le propriétaire est certain de ne pas se tromper et de conserver la nature de nos vins, leur qualité qui les fait rechercher et qui les rend inimitables.

Pour les connaisseurs, ces vins seront toujours appréciés et nous croyons qu'ils trouveront une vente facile ; certainement avec des fluctuations dans les prix, suivant les années et la qualité obtenue ; mais enfin il faut espérer que le palais humain ne sera pas perpétuellement faussé par les boissons sophistiquées qui ont été répandues partout dans les années de disette vinicole. On trouvera bon ce qui est bon et on y mettra le prix.

Lorsqu'une grande partie du vignoble sera reconstituée en vigne greffée, la production des vins sera énorme ; il ne sera pas étonnant d'obtenir huit à dix tonneaux à l'hectare.

Dans les coteaux du Blayais, du Libournais et du Bordelais, on cultive tous les cépages que nous venons d'indiquer, qui sont la base de l'encépagement de tout bon cru ; mais on a ajouté quelques cépages très productifs ; leur nom, comme on le verra dans notre essai de description de ces variétés, varie beaucoup même de commune à commune voisine.

Il est reconnu que les fruits, suivant le terrain, l'exposition de l'arbre changent de forme et varient comme coloration et goût. Les raisins suivent les mêmes règles : ils ont été souvent introduits dans un pays sous un nom supposé : quelquefois ils sont issus de semis, ce qui les éloigne encore plus du type primitif comme ressemblance.

Sur les plateaux bien exposés du Blayais et de la Dordogne, on cultive le *Gros Grappu* ou *Prolongeau* ; cette vigne, d'une abondance qui rappelle l'*Aramon* du Midi, réclame un sol très chaud pour mûrir. Comme cette variété porte de nombreuses grappes très serrées, les raisins avant la veraison sont sujets à être grillés ; son vin est alcoolique.

Le *Jurançon noir* qu'on appelle tantôt *Noschamps*, tantôt *Nanot* donne en abondance et régulièrement des raisins serrés, bien juteux et de maturité hâtive. Son vin ne peut pas, mélangé avec les vins de *Cabernets*, *Merlots* et *Malbecs*, atténuer leur qualité.

Le *Béquignol*, *Fer des Palus*, appelé aussi *Cahors* dans le Blayais, est d'une grande fertilité ; son vin est mou, il sera employé par ceux qui veulent surtout la quantité ; greffé il donne énormément, sa maturité est hâtive.

Le *Mansenc* qui est une vigne très fertile et très cultivée dans les coteaux de l'Entre-deux-Mers, et dans certaines plaines submersibles. Le vin en est âpre, noir et très corsé.

Depuis l'apparition du mildew on a beaucoup multiplié le *Castets*, une excellente variété peu sujette aux maladies cryptogamiques, à la coulure, et régulière dans sa production. Son vin est assez estimé.

On a introduit aussi dans la région du Sud-Ouest plusieurs hybrides de *Bouschet*. Les meilleurs sont, pour notre contrée, l'*Alicante Henri Bouschet* qui produit abondamment un vin très noir, pas très bon, un peu vert, mais d'une coloration intense. Son degré alcoolique varie beaucoup, suivant les années ; il pèse de 8 à 11 degrés.

Le *Petit Bouschet* est un excellent colorant, très fertile, mais le vin ne pèse que 7 à 8 degrés.

L'*Aspiran Bouschet* est un cépage très vigoureux, très fertile, portant d'énormes raisins qui donnent un vin fin très coloré ; résiste assez bien au mildew.

L'*Alicante Bouschet n° 2* est exceptionnellement fertile et coloré, ressemble à l'*Alicante Henri*.

Toutes ces variétés d'hybrides de *Bouschet* sont demi-hâtives et à jus très coloré.

Cette année, nous avons goûté le vin d'un cépage qui mérite d'être recommandé à cause de sa fertilité, de sa précocité et de la finesse de son vin d'une bonne couleur : c'est le *Portugais bleu*, originaire de l'Allemagne et qui est très cultivé en Autriche; cette vigne est très vigoureuse. Son raisin, à peau ferme, supporte les expéditions et peut être employé à approvisionner les marchés comme raisin de table.

La *Syrha de l'Ermitage* qui produit un vin très fin a été propagée dans le vignoble bordelais à cause de ses nombreuses qualités.

On essaie dans ce moment le *Durif*, cépage du Lyonnais, très rustique, très productif, maturité assez hâtive, produisant un vin ordinaire.

Du reste, comme le *Corbeau* ou *Plant de Savoie*, qui est hâtif, fertile, et réussit très bien dans notre région.

La *Mondeuse* qui débourre très tard et évite les gelées printanières dans des pays froids comme l'Isère, l'Ain et la Savoie, donne abondamment un gros vin noir qui s'améliore en vieillissant.

Depuis l'invasion du phylloxéra on a beaucoup propagé un plant qui a résisté assez longtemps, dit-on, aux piqûres de l'insecte et ne subit que légèrement les attaques du mildew ; c'est l'*Etraire de la D'huys*, qui est d'une grande fertilité.

Toutes ces variétés produisent en abondance des vins ordinaires, sauf la petite *Syrha* et le *Portugais bleu* dont la finesse est appréciée.

La submersion appliquée aux vignobles bordelais voisins des grands cours d'eau a fourni des résultats si merveilleux qu'il est nécessaire d'indiquer les cépages qui résistent le mieux à ce traitement ; ces variétés sont ordinairement à bois dur ayant très peu de moelle.

Voici les espèces les plus cultivées en palus submersibles : *Verdot, Bouton blanc* ou *Petit Verdot, Mansenc, St-Macaire, Fer* ou *Béquignol, Cabernet Sauvignon* et le *Gros Cabernet*. Ces deux derniers cépages acquièrent un grand développement dans ces terrains enrichis par les substances fertilisantes apportées par les eaux de la Gironde ou de la Dordogne.

Dans le Midi, les vignes qui se comportent le mieux avec ce traitement aquatique sont : l'*Aramon,* le *Petit Bouschet,* la *Mourvèdre* ou *Balzac des Charentes,* la *Syrha* et le *Chasselas.*

Énumération des cépages français les plus cultivés.

Suivant les grandes régions vinicoles nous allons nommer les cépages rouges qui y sont le plus utilisés avec le nom sous lequel on les connaît et leur synonyme type.

Dans le Lot-et-Garonne, la Dordogne et le Gers, la *Côte rouge* ou *Malbec; Merlot; Gros Grappu* ou *Bouchalès, Merille* ou *Goubiat,* appelée aussi *Périgord* en Dordogne, *Gros noir* dans le Gers; *Folle-Noire* ou *Dame noire,* qui donne si abondamment un vin léger, peu coloré; ce cépage était aussi très cultivé avant le phylloxéra, dans la partie méridionale de la Gironde.

On cultive aussi dans la contrée du Sud-Ouest le *Negra,* le *Morastel,*

2

Prunelas ou *Mansenc Colon*, appelé aussi *Picquepoul* dans le Gers; *Quillar noir* ou *Plant de Dame*, ou *Sans-Pareil*, variété très fertile, donnant un vin alcoolique et noir, supérieur à celui de la *Folle*; nous l'avons introduit dans la Gironde et nous apprécions beaucoup cet excellent cépage.

Dans les Pyrénées (Hautes et Basses) le *Tanat*, le plus en réputation dans le vignoble renommé de Madiran ; l'*Arrouya*, cépage très estimé, portant de grosses grappes serrées et longues ; le *Mansenc*, qui est originaire des Pyrénées.

Haute-Garonne, Tarn-et-Garonne et Tarn : *Bouchalès, Negret, Mauzac, Mozat* ou *Malbec, Morastel, Merille*.

Aveyron : *Menu* (sorte de Pineau), *Mourastel, Carignane, Œillade*, appellée *Merille* dans le Tarn-et-Garonne ; *Mansois*.

Lot : *Côte rouge* ou *Malbec, Quillar noir* ou *Plant de Dame*.

Dans les Charentes : *Balzac* ou *Mourvèdre, Marocain* (c'est le *Prunelas* de la Gironde), *Teinturin* ou *Malbec, Folle noire*.

En Poitou et en Touraine : *Chauché noir* ou *Pinot du Poitou*, différent du *Pineau* de Bourgogne ; *Breton*, qui ne serait autre que notre *Cabernet Sauvignon* qui porte aussi le nom de *Véron* dans la Nièvre et les Deux-Sèvres, c'est toujours le *Cabernet Sauvignon;* enfin on cultive le *Cot* ou *Malbec*.

Orléanais : *Gamay teinturier, Teinturier du Cher* (vignoble d'Argenteuil, environs de Paris) : *Gros Gamay noir, Morillon hâtif*.

Lorraine, Franche-Comté, Jura : Les *Meuniers-Mesliers, Sauvagnins*, qui sont une variété du Pinot noir de Bourgogne à grappes plus longues; *Gouais, Poulsard rouge, Trousseau, Théoulier, Béclan, Enfariné du Jura*, ces trois dernières variétés ont été essayées avec le plus grand succès dans notre région, leur production est abondante et leur vin excellent.

Basse-Bourgogne (Avallon, Auxerre) : *Pineau noir, Pineau de Pernant, Meunier, Gamay, Tressot* ou *Verrot, Gros Gamay, Pineau franc* (on mélange dans la vendange rouge des cépages blancs).

Côte-d'Or, Beaujolais, Mâconnais : *Gamay, Pineau gris, Trousseau*.

Il ne faut pas perdre de vue que le *Pineau* et le *Gamay* sont la base des vins de Bourgogne.

Lyonnais, Dauphiné, Savoie : *Gamay noir, Syrha de l'Ermitage* ou

Marsanne noire ou *Serine* (1), *Corbeau* ou *Plant de Montmélian, Durif, Etraire de la D'huys, Mondeuse de Savoie, Pineau, Peloursin, Verdesse;* ces deux derniers cépages très productifs, mais inférieurs comme qualité de raisin. Le *Salvagnin noir* et le *Plant de la Dôle* sont surtout répandus en Suisse, avec le *Cortaillod*, cépage très fertile de la Haute-Savoie et du canton de Genève qui tire son nom de la contrée où il est le plus cultivé.

Auvergne : *Gros Gamay, Petit Gamay* (Gamay noir), *Meunier* ou *Néron, Damas noir* ou *Gros noir,* du Puy-de-Dôme, qu'il ne faut pas confondre avec le *Gros Damas* de la Provence ou *Mourvèdre.* Le *Damas* d'Auvergne réussit en terrain maigre mieux que tout autre cépage et n'est pas sujet à la coulure ; son vin, dans les bonnes années, est coloré, corsé et de bonne garde.

Dans la Corrèze qui ne produit que très peu de vin, on cultive le *Petit Piquat* et le *Chabrillou* ou *Agrier* qui donnent un vin très coloré, spiritueux et de bonne garde. C'est avec son fruit qu'on prépare la moutarde violette de Brives (2).

Cépages Blancs.

Dans les grands vignobles de Sauternes, Preignac et de Barsac, on ne possède généralement que deux cépages qui font la finesse et en même temps le haut degré alcoolique de ces crus exquis; ce sont le *Semilion* et le *Sauvignon,* variétés vigoureuses et fertiles.

Sur les coteaux situés entre Langon et Bordeaux, longeant la Garonne, on ajoute à ces deux excellents cépages la *Muscadelle* ou *Guilan Muscat* qui produit un vin doux et fin.

L'*Enrageat* ou *Folle-blanche* forme la base des vignobles communs

(1) Le vin de l'Ermitage ou de Côte-Rôtie est un des plus riches de France en couleur vive et naturelle, en parfum agréable et en plénitude; il n'est ni violet, ni capiteux, comme le sont ceux du Midi, et il a toute la force nécessaire pour devenir stomachique en vieillissant. (Comte Odard : *Traité des cépages.*)

(2) Nous avons cité au commencement de ce chapitre les cépages les plus répandus dans le Midi, qui sont : l'*Aramon, Bobal, Carignane, Cinsaut, Mourvèdre, Terret noir, Grenache* et les Hybrides de Bouschet; *Alicante Henri, Petit Bouschet, Aspiran Bouschet, Morastel Bouschet, Carignane Bouschet,* etc., etc.

dans la Gironde; on mélange à ce raisin en petite quantité le *Verdot blanc*, la *Chalosse* ou *Pruneras*, le *Blanc d'Aouba*, le *Rochelin*, la *Pelgarïe*, qui donnent abondamment.

Dans la Dordogne, on cultive ces mêmes variétés du Bordelais, le *Semilion*, le *Sauvignon* et la *Muscadelle*, qui concourent à produire le vin blanc doux de Bergerac si estimé.

Dans le Lot-et-Garonne, les Landes et le Gers, on possède comme vigne blanche les mêmes variétés, mais on ajoute à ces cépages un autre plant très apprécié, le *Jurançon blanc* ou *Plant de Dame blanc* et le *Guilan Muscat*, qui n'est autre que notre *Muscadelle* de la Gironde. La *Folle blanche*, le *Saint-Emilion* ou *Chalosse*, le *Saint-Pierre*, le *Balzac rouge* ou *Mourvèdre* contribuent à la fabrication dans les Charentes de l'eau-de-vie.

Le *Muscadet* et le *Gros plant* ou *Folle verte d'Oléron* qui ressemble à l'*Enrageat blanc* sont les variétés qui sont seules propagées dans le vignoble nantais.

Les cépages qui contribuent à produire les grands vins mousseux de Champagne sont ; le *Blanc doré* et le *Plant vert,* c'est-à-dire le *Pineau blanc Chardonnay* et le *Pineau franc blanc* vrai qui ressemble en tous points au *Pineau noir* sauf la couleur de sa grappe qui est d'un blanc jaunâtre. On fabrique aussi ce vin mousseux avec des vins rouges non cuvés et méchés.

Les vins de Chablis et des environs sont fait avec le *Pineau blanc de Chablis,* du *Beaunois Arnoison,* du *Sassy* ou *Petit Gamay,* du *Melon Roubleau,* du *Damery* qui n'est autre que la *Folle blanche.*

Dans les vins blancs de Bourgogne, d'Arbois et de Montrachet, en outre des *Pineau* blanc et du *Gamay* blanc cités plus haut, on fait entrer le *Morillon blanc* et le *Sauvagnin* qui n'est autre que le *Sauvignon blanc.*

Voici les cépages blancs qui composent le vignoble de l'Ermitage dans la Drôme : la *petite* et la *grosse Roussanne,* la *Marsanne petite* et *grosse* ; la *petite Marsanne* produit beaucoup plus que la grosse, donne un vin plus doux et plus sucré qui fermente longtemps, mais qui a moins de parfum, de corps et de durée que celui de la *grosse Marsanne*; celle-ci a de gros grains ronds très bons à manger comme à faire du vin.

On multiplie aussi le *Viognier* et le *Colombeau* dans le Dauphiné.

La *Clairette blanche* et le *Mauzac blanc* entrent dans la composition de la délicieuse blanquette de Limoux.

C'est avec le *Muscat commun* qu'on prépare le vin de Frontignan et de Lunel.

Nous nous sommes trop longtemps attardé sur cet important chapitre ; mais si nous avons décrit longuement les cépages locaux, c'est pour les indiquer et les faire connaître, ce n'est pas pour engager à les planter, car il ne faut pas perdre de vue que les meilleurs cépages rouges en France qui produisent les vins fins sont : le *Merlot*, le *Malbec*, les *Cabernets*, le *Verdot*, la *Syrha*, le *Petit Gamay Beaujolais*, le *Pinot* ou *Noirien*, le *Poulsard* et le *Trousseau*.

Dans les cépages blancs : le *Semilion*, le *Sauvignon*, la *Muscadelle*, le *Pineau de Chardonnay*, le *Clairette* et le *Muscat*.

En résumé, ne changez pas vos bons plants contre des cépages communs peut-être plus productifs, mais ne donnant pas la qualité qu'on recherche dans un bon vin.

V. — Système de greffage.

Les meilleures greffes sont les plus solides, car ce sont celles qui se soudent le mieux.

Il y a beaucoup de systèmes pour pratiquer cette opération que nous avons longuement décrite dans notre brochure : *Quelques mots sur les vignes américaines* ; nous passerons rapidement sur cette question.

Du reste, depuis qu'on s'occupe sérieusement de la reconstitution de nos vignobles par ce moyen, on a fait de grands progrès et l'expérience a indiqué bien des manières de greffer.

Sous notre climat humide la greffe sur table est la plus pratiquée.

On fait la *greffe anglaise* et la *greffe* en *fente simple*. Ces deux modes ont leurs partisans convaincus.

Dans la *greffe anglaise* le sujet et le greffon doivent être de la même grosseur autant que possible ; on les taille tous deux en biseau court qu'on entaille au milieu pour les faire pénétrer l'un dans l'autre. Aussi le greffon dans la *greffe anglaise* s'identifie très bien avec le porte-greffe et fait corps avec lui, ils se soutiennent mutuellement par les deux fentes dans lesquelles s'engagent les deux languettes du sujet et du greffon. Il ne faut pas faire les languettes trop minces car elles se dessécheraient; il y a même des viticulteurs qui coupent l'extrémité du biseau et s'en trouvent très bien.

La *greffe* en *fente pleine* qui est la plus usitée pour le greffage sur place se généralise beaucoup depuis quelque temps pour la greffe sur table. Le sujet est fendu à deux centimètres ou deux centimètres et demi du nœud, l'entaille doit avoir un centimètre de profondeur, puis après avoir taillé le greffon en biseau assez long, on l'enfonce de façon à le forcer à fendre le porte-greffe jusqu'au nœud ; on obtient ainsi un contact parfait et un point d'appui solide qui retient le greffon. La ligature se fait ensuite dans ces deux systèmes du greffe avec du *Raphia* qu'on enroule en spirale à grande maille ; c'est-à-dire qu'il ne faut pas recouvrir la greffe entièrement avec ce lien ; il faut laisser des interstices libres pour que le greffon ne s'échauffe pas et puisse librement se développer.

Lorsqu'on greffe sur place et que le sujet est trop fort pour opérer la *greffe en fente simple*, on pratique alors la *greffe en fente de côté* qui est très solide ; c'est la *greffe en fente* du rosier avec un œil d'appel du côté opposé de la fente ; le greffon est retenu par le porte-greffe, les couches ligneuses des porte-greffes réagissant contre la déformation de la fente, se referment sur le greffon qui s'identifie promptement avec le porte-greffe.

Pendant l'été et l'automne on a obtenu des résultats heureux en faisant la *greffe en tête* ou *greffe latérale*, dite *greffe de Cadillac*. Le porte-greffe est fendu au niveau du sol à peu près au milieu, à 2 ou 3 centimètres au-dessus d'un nœud. Le greffon taillé en biseau est incisé dans la fente très solidement pour ne pas avoir besoin d'être appuyé sur le sarment du porte-greffe ; car on laisse subsister ce sarment pour établir un courant séveux afin qu'il n'y ait pas un excès de sève sur le greffon. Dans le courant de l'année suivante, lorsque la greffe est soudée et poussée, on coupe la tête du porte-greffe ; si la greffe d'été ou d'automne venait à manquer, il serait facile de reprendre les pieds de vignes qui n'auraient pas réussi en mars-avril et mai suivant, en pratiquant une nouvelle entaille sur le sujet un peu au-dessous de la première ou bien encore sur l'un des côtés.

Il est bien entendu qu'il faut protéger cette greffe contre les intempéries de l'hiver en la buttant fortement avec de la terre meuble. L'époque la meilleure pour effectuer la *greffe latérale* c'est du 15 août au 15 octobre.

Un essai de greffe latérale, bouture sur bouture, sur table, a été expérimenté sur quelques milliers de plants au printemps dernier ; la réussite a été des plus satisfaisantes puisque le résultat a été de 90 pour 100 ; la soudure était irréprochable et la vigueur des sujets ne laissait rien à désirer.

Voilà un système de greffage que nous engageons à essayer. Cette réussite ne nous étonne pas, car il arrive trop souvent que dans les autres modes de greffage, le greffon est noyé par une trop grande quantité de suc aqueux, et par un temps trop sec, dans le système de greffage que nous préconisons ce courant séveux qui alimente le porte-greffe empêche le greffon de se dessécher.

VI. — Choix des greffons ; de la meilleure époque pour greffer. — Stratification de la greffe.

Choix des greffons. — Le choix des greffons exerce une influence considérable sur le chiffre des reprises et sur la fructification future des greffes. Le rameau greffon doit être un sarment robuste, à écorce saine, les yeux assez rapprochés, indices d'une bonne constitution, choisi sur un pied de vigne vigoureux, exempt autant que possible de toutes maladies cryptogamiques ; il faut surtout rechercher les pieds les plus fertiles qui portent de beaux raisins, bien développés ; il ne faut jamais cueillir des greffons sur des ceps qui sont sujets à la coulure. Ces boutures doivent être en outre bien aoûtées et récoltées sur des ceps assez âgés ; les sarments des jeunes plants sont plus mous et se dessèchent facilement, ils offrent donc moins de chances de réussite. Il ne faut jamais employer comme greffons l'extrémité des sarments, il est préférable de prendre pour cet usage les boutures qui sont le plus rapprochées de la souche, ce sont toujours les plus mûres et les mieux nourries.

Conservation des greffons. — Pour conserver les sarments qui doivent servir de greffons on les recouvre de sable très sec et très fin, on met une couche de sable et une couche de sarments, afin que toutes les parties de la bouture soient en contact avec le sable et non avec un autre sarment. En procédant de cette façon, il sera facile de conserver au moins un an les sarments qu'on destine à servir de greffons. Le sable sec a le grand avantage de fournir un moyen d'élimination de tous les sarments qui ne sont pas suffisamment mûrs; ils feraient une mauvaise greffe, aussi ceux qui ne sont pas aoûtés se dessèchent de très bonne heure.

De la meilleure époque pour greffer. — Il ne faut pas greffer pendant la grande montée de la sève, aussi pour la greffe sur place nous croyons que les greffes tardives sont les meilleures. Si on veut greffer de bonne heure, il faut procéder à cette opération du 15 février au 15 mars ; il faudra bien butter le pied pour empêcher qu'il ne soit atteint par les gelées.

Mais si on veut éviter que le greffon ne soit noyé par le grand flot de la sève on s'abstiendra de greffer sur place du 20 mars au 15 avril ; en attendant la fin de ce mois ou le mois de mai pour procéder à cette opération on obtiendra une bonne réussite.

Stratification des greffes. — Si on a beaucoup de greffes à effectuer sur table, bouture sur bouture, on pourra commencer vers la fin de janvier et à mesure que ce travail sera terminé, tous les jours on creusera un fossé dans un jardin ou dans un rang de vigne; les greffes, liées par paquets de 25, seront placées horizontalement dans le fond et recouvertes de 20 à 25 centimètres de terre. Cette méthode de stratification a donné d'excellents résultats: lorsqu'en mai on a ouvert ces tranchées pour faire la plantation, toutes ces greffes étaient soudées et les boutures avaient émis des racines.

D'autres industriels qui fabriquent de grandes quantités de greffes les mettent dedans, dans une chambre ou dans un hangar, par couches dans du sable humide ; une couche de sarments, une couche de sable qu'il faut avoir soin d'humifier de temps en temps par de légers arrosements.

Ces deux systèmes de stratification ont rendu de réels services et la soudure se fait aussi bien dans la dernière méthode que dans la première.

Nous préférons cependant placer les greffes dehors dans un fossé, c'est plus simple, moins compliqué. Ces plants ont l'avantage de se trouver dans un milieu qui est toujours le même et ne reçoivent le contre-coup d'aucune perturbation atmosphérique.

Au mois de mai on place ces greffes en pépinière dans un sol bien défoncé en laissant entre les plants un espace de 12 à 15 centimètres.

Les greffes sur plants racinés se pratiquent aussi sur table du 20 avril au 20 mai.

On peut alors aussitôt après cette opération les mettre en pépinière.

La greffe doit être placée au niveau du sol ou à deux centimètres au-dessus maximum. On butte ensuite complètement le pied de vigne en ramenant la terre en forme de cône autour du greffon.

Si on procède plus tôt à l'opération du greffage sur plants racinés on aura bien soin de mettre ces greffes pendant trois semaines ou un mois environ en stratification pour faciliter la soudure. Nous trouvons que cette greffe donne des résultats plus avantageux que la greffe bouture sur bouture, il y a bien plus de reprise et les greffes et les plants sont bien plus beaux l'année suivante.

Après une bonne stratification peut-on mettre en place à demeure les greffes sur plants racinés ? Si on ne craignait d'effectuer une plantation irrégulière, car il faudra toujours avoir une pépinière pour remplacer les manquants l'année suivante, cette manière d'opérer n'est pas trop défectueuse. Cependant, nous croyons que la transplantation pour les plants n'est pas une mauvaise chose, surtout si les racines trouvent un terrain meuble et bien fumé, elles prennent alors rapidement un nouveau développement.

De la grosseur des plants; de l'âge auquel il faut les greffer.

Pour exécuter une bonne greffe, le sarment doit avoir comme grosseur, 6 millimètres de diamètre; il n'est pas douteux qu'un ouvrier expérimenté ne puisse greffer des boutures de cinq millimètres de diamètre.

Les plants racinés d'un an ayant 6 à 7 millimètres de diamètre pour le greffage sur table sont les meilleurs ; lorsque les plants racinés ont plus de deux ans de pépinière, la greffe se pratique difficilement, et surtout réussit très mal.

Lorsqu'on achète des vignes greffées, il est indispensable de se préoccuper surtout de la soudure; il faut qu'elle soit irréprochable et que le jeune plant ait quelques racines; la pousse du sujet offre moins d'importance si les deux autres conditions existent, une pousse de 10 à 12 centimètres de longueur sera suffisante, car ce ne sont pas les plus beaux plants qui réussissent le mieux, une fois qu'on les a mis à demeure.

Suppression des racines du greffon. — Il est nécessaire deux fois l'an, en juin-juillet et surtout fin août, de dégager la terre qui entoure le greffon, de couper radicalement les chevelus qui auraient pris naissance et de rétablir aussi le petit tertre, car il est bon de conserver le buttage autour du pied pour passer l'hiver.

En même temps, on surveille les ligatures; si elles pénètrent dans l'écorce, on soulage la greffe en les déliant.

VII. — Des producteurs directs.

Pour notre département de la Gironde nous avons préconisé plus haut la propagation en vignes greffées de nos anciens cépages fins, car nous devons toujours chercher à maintenir l'ancienne réputation de nos vins. Cependant, nous ne renonçons pas à soutenir que dans les crus ordinaires on peut planter des producteurs directs dont la rusticité, la facilité d'adaptation et la résistance aux maladies cryptogamiques sont plus grandes. Ces producteurs directs ont été très mal appréciés dès leur apparition, on n'a vu que leur goût qui ne ressemblait pas à celui de nos anciens raisins; on ne voulait pas prévoir que ces petites grappes deviendraient plus longues et plus nombreuses, que les grains grossiraient et donneraient en abondance un jus coloré et sucré.

Ce vin qu'on faisait en très petite quantité dans des vaisseaux de très faibles dimensions, avec un seul cépage, récolté sur de jeunes vignes, ne promettait rien de bon. Comment juger un produit dont l'évolution est forcément incomplète? Avec nos bons cépages français, si on avait fait du vin dans une comporte, il serait resté inférieur à celui qui aurait été fait dans une grande cuve. Maintenant il a été fait des cuvées entières d'Herbemont, d'Othello, de Cynthiana et de

Senasqua, et on leur a trouvé beaucoup de vinosité et des qualités incontestables (1).

Mélangés en petite quantité avec nos vins français, ces vins ne peuvent leur nuire, et comme vins ordinaires dans des régions tempérées comme l'est, le centre et l'ouest de la France, ces cépages exotiques peuvent produire des vins très acceptables, droits de goût même, suivant les variétés cultivées ; mais certainement moins foxés que dans les pays méridionaux où la chaleur exagère les parfums.

Du reste, ce goût framboisé qui se trouve dans la plupart des raisins américains, disparaît quand les vins vieillissent, et si la première année après la récolte on a eu le soin de les soutirer fréquemment et de faire brûler dans les fûts une mèche soufrée.

Les vins blancs qu'on ne fait pas cuver et dont le jus (le moût) est séparé de la pulpe avant la fermentation sont bien plus exempts de cette saveur *sui generis*. Du reste, il est incontestable que le goût foxé n'est pas si accentué sur des vignes âgées que sur des vignes jeunes.

Dans les coteaux en terre forte, certains de ces producteurs directs poussent très bien, et dans bien des cas rendront de véritables services.

(1) M. le docteur Grandclément, de Lyon, a analysé cinq échantillons de vin de 1886 et a déterminé les proportions des alcools d'extrait sec, de crème de tartre et d'acidité contenues dans chacun d'eux.
Voici le résultat de ces analyses :

PRINCIPES	1 Black Defiance	2 Othello	3 Cynthiana	4 Senasqua	5 Vourles vin français : Gamay 2/5. Persagne 3/5.
Alcool..............	10°5	11°1	10°8	11°	8°1
Extrait sec.........	21,5	20,3	22,	22,5	18,5
Crème de tartre.....	2,70	2,35	2,25	2,85	2,30
Acidité totale (CaO,HO	23 cc³	21 cc.	22 cc. 5	24 c.5	21
¦ SO³,HO	5 gr. 50	5 gr.	5 gr. 35	5,75	5 gr.

Les numéros 1 et 2 ont un bouquet agréable ; les deux suivants sont particulièrement riches en couleur. Le numéro 5 se montre particulièrement inférieur comme composition et comme goût à la plupart de ses concurrents.

Il ne faudrait pas croire que nous recommandions tous les producteurs directs, ce serait une erreur, car sur cent quatre-vingts à deux cents variétés que nous possédons, il y en a très peu (quatre ou cinq) que nous puissions recommander et qui remplissent toutes les qualités désirables qui sont en premier lieu la résistance au phylloxéra, la fertilité et la qualité du raisin pouvant produire un bon vin.

Dans les cépages rouges pour la région du Sud-Ouest, les meilleurs sont : l'*Herbemont* et l'*Othello* quoique ce dernier ait été attaqué par les maladies cryptogamiques; nous indiquerons le moyen de les combattre.

Dans la même contrée pour les cépages blancs nous pouvons engager à planter pour les bons résultats qu'il nous ont donnés: le *Noah*, le *Green Missouri Riesling* et la *Duchess*.

La vigne par excellence de notre région du Sud-Ouest, c'est l'*Herbemont* qui est doué d'une grande rusticité (1); il a une grande végétation, un port superbe, vient en tout terrain, sauf en sous-sol graveleux où il jaunit, car il est sujet à la chlorose dans les sols trop humides.

A mesure que le pied devient plus âgé, et cela se passe pour toutes les vignes américaines, ses grappes s'allongent et les grains grossissent. Nous connaissons des propriétaires qui en 1887 et en 1888 dans un journal de 31 ares ont récolté 2 à 3 tonneaux de vin sur des souches de 5 à 7 ans.

Ce cépage réclame une bonne exposition chaude. Sa maturité est tardive, cependant il mûrit bien ses fruits ; cette année, nous l'avons vendangé à la fin d'octobre en même temps que le *Cabernet Sauvignon*. Et nous devons constater que sa grappe d'une belle dimension rendait beaucoup de jus, tout se fondait. Vers le commencement de septembre il est indispensable de l'effeuiller près des raisins pour faciliter leur maturité. Son vin est délicat, d'une jolie couleur rougeâtre et a pesé l'année dernière 11 degrés 1/2, cette année 10 à 10 degrés 1/2. Nous connaissons un propriétaire qui en ne faisant pas cuver l'Herbemont, a obtenu un joli vin blanc très clair et très limpide. Comme cette qualité de vin est très recherchée parce que les vignes blanches ont été

(1) Voir notre description de l'Herbemont et de tous les producteurs directs à la fin de cet ouvrage.

détruites, nous croyons qu'on trouvera au vin blanc d'Herbemont un facile débouché.

Dans le Lot-et-Garonne où le mildew avait causé cette année de très grands ravages, sans aucun traitement, l'Herbemont est resté indemne.

Dans des terrains en coteaux bien exposés, qu'on mette sans hésiter de l'Herbemont; quand on ne voudra plus le cultiver comme producteur direct on le greffera avec le plus grand succès; il a donné sous ce rapport d'excellents résultats, car il a beaucoup d'affinité avec nos meilleurs cépages français.

L'*Othello* se met à fruit de très bonne heure, à la troisième feuille il porte une abondante récolte; il ne coule pas, n'est point sujet à la gelée, les terrains *argileux* frais lui conviennent, c'est-à-dire qu'il réussit aussi dans les sols *siliceux*, *silico-argileux* et *silico-calcaires*.

Les grappes sont très grosses et les graines aussi. Son fruit est un des plus beaux raisins américains.

Ce cépage est à sarment érigé ; il faut lui donner une taille courte, forme quenouille ou cul-de-lampe, assez élevée cependant pour éviter la grillade.

Ses ennemis sont les différentes variétés de *mildew* ou de *rot* et l'*anthracnose* dans certains sols. Pour combattre l'*anthracnose*, au moment où on commence à soufrer la vigne, au lieu du soufrage qui lui déplaît, il faut le saupoudrer de chaux hydraulique (en poudre) par un temps sec. Ensuite, aussitôt que le raisin est bien formé après la floraison, il faut sulfater les grappes et les feuilles fortement avec trois kilos de sulfate de cuivre et trois kilos de chaux par hectolitre. Au 20 juillet on peut donner un deuxième sulfatage sur les raisins si le besoin s'en fait sentir.

Cette année, vers le 1er août, les raisins étaient atteints fortement par le *Coniothyrium diplodiella* ou *Rot livide* ; les graines étaient déprimées d'un côté et teintées d'une tache livide rougeâtre; avec huit litres d'ammoniure de cuivre par hectolitre d'eau qu'on a pulvérisé abondamment sur la grappe, le mal s'est arrêté, les grains trop attaqués sont tombés faisant place aux autres qui ont pu plus facilement se développer et mûrir, car dans cette variété la grappe est très serrée. D'autres propriétaires ont obtenu la même réussite contre cette maladie en employant la bouillie bordelaise.

Le vin de l'Othello est superbe de couleur et sans dureté; il a pesé, deux années de suite, 11 degrés ; son goût framboisé, très léger dans notre région, disparaît dans le centre et l'ouest de la France.

Le *Noah* est un cépage blanc des plus rustiques et des plus méritant; doué d'une grande vigueur, il réussit à peu près dans tous les sols, excepté dans les terrains crayeux et marneux; il aime une terre profonde, car ses racines ne demandent qu'à se développer pour soutenir sa forte charpente aérienne ; les raisins qui ont un très joli aspect mûrissent de bonne heure. On obtient abondamment avec le Noah un vin très alcoolisé qui pourra servir à de nombreux usages. Nous le répétons, au moyen des soutirages, on obtient un vin neutre et qui plaît au goût.

Le *Green Missouri* réussit bien dans les argiles, il est moins alcoolisé que le Noah ; on peut les mélanger avantageusement ensemble.

Le *Duchess* est un excellent raisin de table qui pourra produire un vin estimé, si nous en jugeons par la qualité exquise de son fruit. Il réussit bien dans les sols argilo-siliceux et silico-calcaires.

Le *Cynthiana*, le *Norton's Virginia* et le *Black July* qui sont des *Æstivalis* portent assez rarement d'abondantes récoltes. Aux deux premières variétés, il faut un terrain argilo-ferrugineux et une exposition très chaude, leur vin est très noir en couleur et de bon goût; nous en dirons autant du *Black July* qui est plus indifférent sur la qualité du terrain ; mais dont la production est souvent insuffisante. Tous les trois sont très résistants ainsi que les autres *Æstivalis*, *Humboldt*, *Hermann* et *Cuningham*, qui ne produisent ceux-là que des vins blancs ou gris.

Le *Jacquez* est le producteur direct par excellence de la région du Midi, et c'est presque le seul, aussi le climat qui lui est nécessaire se trouve surtout dans les départements méridionaux; on peut le cultiver avec succès jusqu'à Agen. Dans la Gironde, il est sujet à la coulure et à l'anthracnose qu'on peut éviter en couvrant les jeunes sarments à la pousse, au printemps, de chaux hydraulique. Son vin se mélange très bien avec les vins du Midi ou avec les vins ordinaires de la région du Sud-Ouest.

Dans les sols *siliceux* et *argilo-siliceux* on plantera avec succès les producteurs directs suivants que nous conseillons plus particulièrement

pour la région lyonnaise et pour le centre de la France; ce sont :
l'*Othello*, le *Senasqua*, le *Black-Defiance* et le *Black-Eagle* dont la saveur
peu foxée disparaîtra sous ces climats tempérés. On propagera avec
utilité et profit les variétés suivantes qui sont aussi bonnes comme goût,
qu'aucune autre variété française ; nous voulons parler du *Cornucopia*,
vigne douée d'une grande végétation et d'une grande fertilité, qui ne
doit être cultivée comme dernière limite que dans les sols silico-argileux.
Le *Canada* produit un excellent vin; ce cépage s'adapte, dit-on, très
bien au terrain légèrement calcaire et est très fertile dans les sables.

Le *Secretary* exceptionnellement fertile, très bon vin; nous ne nous
prononçons pas sur sa résistance; il donne beaucoup dans des sols
argilo-calcaires légers.

Pour être dans l'exacte vérité, nous devons avouer que le *Black-Eagle*
et le *Black-Defiance*, qui portent tous deux de superbes raisins, donnent
un aussi bon vin que celui de l'Othello et même meilleur sans goût de
fox, mais ne sont pas résistants en terrains argileux forts (1).

Le *Brant*, le *Canada*, le *Senasqua* ont fléchi beaucoup dans des
terres fortes, argileuses compactes.

Le *Triumph* et l'*Elvira* dans des sols argilo-calcaires ont une pousse
languissante, indice d'une très faible résistance.

Dans les terres sableuses, argilo-sableuses ou silico-calcaires tous ces
bons hybrides à peu près exempts de goût : *Senasqua*, *Cornucopia*,
Canada, *Brant*, *Black-Eagle*, *Black-Defiance*, *Secretary*, *Triumph*, résistent, car les vignes américaines même les moins résistantes ont des racines plus résistantes que les vignes européennes.

En résumé, que dans la région du Sud-Ouest on plante sur les coteaux
et dans les plaines chaudes, dont le sol est coloré en rouge par l'oxyde
de fer, l'*Herbemont* (qui ne réussirait pas dans le centre et l'est de la
France, il est trop tardif), l'*Othello* et le *Noah*, de ce dernier on extraira
de bonnes Eaux-de-vie. En Poitou, en Touraine et dans le Lyonnais,
le *Senasqua* et l'*Othello* qui débourrent tard et ne coulent jamais, réus-
siront mieux que dans nos régions plus chaudes. Nous en dirons autant

---

(1) Nous conseillons de greffer le *Black-Defiance*, cépage très abondant portant
un beau raisin et se mettant à fruit dès les premières années. — Le *Secretary*
greffé donne un raisin de table qui a goût de Muscat; du reste, ces deux variétés,
surtout le *Black-Defiance*, sont d'une reprise difficile de boutures.

du *Cornucopia*, du *Canada*, du *Noah* et de la *Duchess*; sous un climat plus tempéré ils jouiront encore d'une plus grande résistance et leur production sera encore plus neutre de goût.

Nous ne traitons pas ici de la taille propre à chaque cépage, nous en parlerons plus loin dans notre description des cépages, en même temps que de quelques variétés nouvelles de vignes qui promettent beaucoup, comme l'*Advance*, à jus rouge, le *Naomi* et le *Pearl blanc* qui sont des cépages à vin blanc (1).

Avec certains producteurs directs et certaines vignes sauvages, on a fait des hybridations et les sujets obtenus de semis promettent de nous donner des vignes résistantes ayant les qualités des vignes indigènes; mais ces jeunes plants sont encore à l'étude.

Moyen pour faire enraciner les boutures d'une reprise difficile. Les *Œstivalis* et quelques *hybrides* réussissent difficilement de boutures ; pour obvier à cet inconvénient, on établira en hiver une couche de fumier chaud, sur laquelle on mettra une épaisseur au moins de 60 centimètres de terre. Dans ce terreau on placera près à près les boutures droites ou les boutures greffées, de façon que l'extrémité du sarment repose sur le fumier, sans y pénétrer. Au bout de quelques semaines, de nombreuses racines seront formées et on pourra les enlever pour les transplanter en pépinière.

VIII. — De la plantation. — Des soins à donner aux vignes. Des labours. — De la taille.

Avant la plantation, le terrain doit être défoncé à 40 ou 50 centimètres de profondeur, suivant l'épaisseur de la couche arable. Le terrain est ensuite nivelé, ameubli et drainé s'il est humide, car la vigne ne peut supporter l'humidité stagnante.

Si l'on remplace des pieds de vignes américaines dans un vignoble déjà constitué, il est indispensable pour le bon développement des racines du jeune plant de bien défoncer le sol dans un périmètre assez étendu.

---

(1) Lire plus loin dans notre description des cépages, les variétés américaines qu'on peut essayer comme raisins de table.

Les racines des vignes américaines n'étant pas perforantes, il faut que le sol soit bien ameubli, car elles se butteraient contre les parois des fossés et se recoquilleraient. C'est pour cela que nous rejetons la méthode d'exécuter les plantations en fossés ; nous n'admettons que le défoncement de toute la superficie du sol, soit à bras d'hommes, ou à la pioche, à la bêche (ce sont les meilleurs), ou par le labour à la charrue.

Si on emploie ce dernier mode de défoncement, le labour en long et ensuite en travers donnera au sol une bonne préparation.

En plantant, il est indispensable de fumer la vigne en mettant dans le trou, autour du pied, du bon terreau bien consommé.

Lorsque le terrain est bien préparé, on creuse des trous de 25 centimètres de profondeur ou des fossés. Suivant les régions et la nature du sol, la distance qu'on garde entre les ceps n'est pas la même. En Médoc on place les pieds en un mètre en tous sens.

Avec la vigne greffée, comme les racines sont plus développées, nous croyons qu'un écartement de 15 à 25 centimètres de plus ne pourra que leur être favorable. Dans les autres parties du département et dans beaucoup d'endroits où les vignes sont cultivées au labour, on donne aux ceps un espacement de cinq pieds ou de 1 m. 65 cent. en tous sens. D'autres viticulteurs sur la ligne des ceps ne mettent qu'un espacement de 1 m. 25 cent.

Dans les plaines très fertiles et pour les producteurs directs américains qui réclament une longue taille, on placera ces vignes à 1 m. 75 cent. en tous sens ; un espacement de 2 mètres pourra même être admis avec succès et profit.

En résumé, pour les vignes greffées, on pourra généralement leur donner l'espacement que l'expérience a fait adopter pour les anciens cépages de pays.

Ensuite la réussite de la plantation dépend, en grande partie, des soins que l'on donne aux jeunes vignes ; labours répétés pour détruire les mauvaises herbes, binage et buttage des pieds pendant la sécheresse.

Les premières années qui suivront la plantation, si on reconstitue son vignoble en plants greffés, il sera bon de surveiller les racines du greffon et de les enlever, si elles sont développées ; cette opération a pour but d'éviter l'affranchissement du greffon.

Des viticulteurs affirment qu'il faut prendre soin des soudures de la greffe pendant six à sept ans.

Des labours. — La vigne exige d'être tenue très proprement, d'être débarrassée des mauvaises herbes ; mais il ne faut pas déranger les racines et encore moins les couper, aussi il faut proscrire les labours profonds. Les binages, les ratissages, qui débarrassent le sol des plantes parasites, sont très favorables à la vigne.

Dans la Gironde, on donne ordinairement quatre façons de labours; en février-mars on *déchausse*, pour donner plus d'aération aux racines de la vigne ; ce premier labour doit avoir 10 à 12 centimètres de profondeur.

En mai, on *rechausse* la vigne, en rejetant la terre sur le rang près des ceps.

La troisième façon se donne en juin-juillet ; c'est un nouveau déchaussage; la terre n'a pas besoin d'être aussi profondément labourée, huit centimètres de profondeur suffisent. Enfin un mois et demi environ avant les vendanges on donne la dernière façon qui consiste à rechausser les pieds. Après la première façon on enlève le *cavaillon*, c'est-à-dire la ligne de terre qui se trouve sur le rang de vigne. Avant la quatrième façon on travaille cette fois sur place le *cavaillon* (1).

De la taille. — Dans les premières années qui suivront la plantation, il faudra laisser se fortifier le cep de vigne, l'élever par degrés sur une seule souche et ne lui donner que vers la quatrième ou cinquième année une forme ou une taille longue. En ne prenant pas de ménagements, on s'expose à épuiser promptement le pied de vigne par une production trop grande et trop hâtive.

Ensuite on taillera la vigne à deux bras avec quatre ou cinq yeux de chaque côté, avec les deux coursons de retour.

Du reste, le greffage ne doit en rien modifier le système de taille adopté jusqu'ici pour chaque variété de cépage français. Cependant, en vertu des aptitudes spéciales de chaque variété à être taillée à bois long

---

(1) Plusieurs propriétaires, dans des sols maigres, caillouteux, ont essayé de ne pas labourer leurs vignes, de leur donner de simple hersages, se basant sur l'exemple des treilles placés contre des murs, dans des cours, sur le bord des routes, qui résistent depuis longtemps aux atteintes du phylloxéra, ce qui prouverait que l'insecte ne peut vivre dans les terrains foulés et non remués.

on court, il faut remarquer, étudier la vigueur du cep avant de lui donner une forme.

Nous citons un article très clair de M. le professeur Foëx, sur la taille :

« La vigne, comme on le sait, porte ses fruits sur des rameaux de « l'année, produits par le développement des yeux ou bourgeons des « sarments de l'année précédente. On doit donc ménager chaque année « à la taille un ou plusieurs de ces derniers, dont on réduit la longueur « en laissant un nombre de bourgeons plus ou moins considérable.

« Lorsque l'on taille au-dessus d'un à trois bourgeons, la taille est dite « *courte,* et le fragment de sarment conservé est appelé *courson* ; si, au « contraire on laisse subsister sur les rameaux de l'année précédente un « plus grand nombre d'yeux, on taille long ou à long bois. . . . .

. . . .

« Certains cépages ont leurs bourgeons fructifères près de la base du « sarment de l'année précédente et l'on a intérêt par conséquent à leur « conserver seulement des bases de sarment. D'autres portent du fruit « surtout par les yeux des extrémités, de sorte qu'il est nécessaire de les « tailler long ; enfin quelques-uns émettent des rameaux fructifères à « tous leurs bourgeons; dans ces dernières conditions on peut choisir « l'un ou l'autre de ces modes de taille sans se préoccuper de l'ordre de « considérations indiquées précédemment.

« On doit remarquer, quoi qu'il en soit, que toutes les fois que la taille « longue est possible, elle donne plus de produits que celle à courson. »

Dans les producteurs directs américains, beaucoup exigent la taille longue qu'on leur applique en les étalant en forme de croix à trois bras ou *trois astes* (expression bordelaise) qu'on appuie ensuite sur deux fils de fer ou sur des piquets.

A quelle époque faut-il tailler la vigne? — C'est une question très complexe.— Si le vignoble est situé dans un pays très froid, humide, sujet aux gelées, il faut tailler aussi tard que possible, la vigne garnie de ses sarments résistera mieux aux gelées de l'hiver. La cicatrisation de l'incision n'étant pas encore faite au réveil de la végétation, l'excès de liquide qui constitue les plaies s'épanchera au dehors, la turgescence du bourgeon sera retardée et par contre son épanouissement.

De là moins de chance pour la vigne d'être atteinte par les gelées.

Si, au contraire, on se trouve sous un climat tempéré, il est préférable de tailler fin novembre et en décembre ; avec une taille précoce la cicatrisation de l'incision est complète au moment du réveil de la végétation, à cette époque les pluies sont moins abondantes, la vigne débourre de bonne heure et pousse plus en bois. Si la vigne est peu vigoureuse il faut surtout tailler en automne.

Si la vigne, au contraire, est dans un sol très riche et jouit d'une grande végétation, en taillant tard, en février-mars, on l'affaiblira et on poussera davantage à la production des fruits.

Il est indispensable de tailler la vigne en biseau pour faciliter l'écoulement des eaux et empêcher que l'humidité ne pénètre dans le bois; on se trouvera très bien de la méthode qui consiste à tailler au milieu du nœud.

Vers le milieu de l'été, pour faciliter l'opération des labours il est d'usage d'écimer le sommet des sarments. Nous nous élevons contre ce système qui est pour nous très défectueux; pendant que la plante est en végétation, on affaiblit le cep ; dans notre région du Sud-Ouest on appelle cela *moucher la vigne*. La vigne est un grand arbrisseau qui développe dans le sol ses racines à mesure que sa partie aérienne prend de l'extension. Cette opération se fait sans intelligence, on rogne à tort et à travers les sarments les plus élevés; après cette opération un sarment de vigne ne doit pas dépasser l'autre, il faut que tous les pieds aient la même hauteur; c'est très régulier et très joli à l'œil. Mais qu'on abandonne ce système et on s'apercevra l'année suivante que la vigne est plus vigoureuse et le vin possédera un degré alcoolique plus élevé. Qu'on se contente donc d'épamprer et d'enlever en juin les bois gourmands qui épuisent la vigne au détriment de la fructification.

IX. — Des engrais et amendements. — Des insecticides et autres moyens pour mettre les vignes à l'abri des attaques du phylloxéra.

La vigne demande tout à la fois de l'azote, du phosphate de chaux et de la potasse. Les deux premiers de ces éléments semblent agir surtout pour donner à la plante une végétation puissante et vigoureuse, et le troisième paraît favoriser la production du sucre dans le fruit.

Tous les engrais qui renferment ces trois corps dans des proportions convenables et à un état suffisamment assimilable peuvent être appliqués utilement.

Les vignes américaines à cause de la vigueur de leurs racines et surtout les vignes greffées, qui ne sont pas dans un sol très riche en humus, réclament des fumures abondantes, des transports de terre par exemple pour les variétés de vigne à racines traçantes. Du reste, depuis l'invasion du phylloxéra, c'est par l'emploi d'engrais très riches et souvent répétés que des propriétaires ont maintenu leurs vignes en opposant au phylloxéra des ceps munis d'un chevelu abondant.

Le meilleur et le plus complet de ces engrais est le fumier de ferme, qui contient tous les principes fertilisants nécessaires aux plantes; il est également très efficace pour l'amélioration du sol. Voici sa composition pour cent parties : azote 0,4 à 0,5; acide phosphorique 0,7 à 0,8; potasse 0,4 à 0,5 environ.

On emploiera le fumier à la dose de 20 à 30,000 kilog. par hectare; ordinairement on le mélange d'avance avec de la terre des chemins ou des bois ; sous cette forme il en faut moins et ce terreau convient parfaitement à la vigne. Cette fumure doit se faire tous les quatre ans, car le fumier agit lentement et pendant plusieurs années. L'humus du fumier a une grande importance, sans cependant servir directement à la nutrition des plantes; son action est tout autre : il rend les sols lourds plus légers, les réchauffe et favorise l'introduction de l'air dans les sous-sols ; il donne également aux sols trop légers une certaine liaison et augmente leur pouvoir absorbant par l'eau. Si les terres sont argileuses et imperméables, de préférence on emploiera le fumier à l'état pailleux; ce sera un absorbant de l'humidité du sol, et plus ou moins décomposé dans celles de moyenne consistance ou légères, surtout si elles sont calcaires.

Dans les terres froides un engrais des plus recommandables qui donne une grande végétation aux vignes, c'est le *fumier de mouton*, il contient pour cent : azote 0,72; acide phosphorique 1,52; il est plus riche que le fumier de ferme, mais de moindre durée; on l'emploie à la dose de 15,000 kilog. tous les trois ans.

Un engrais très riche, très favorable aux vignes, à leur développement rapide et qui pousse à la fructification, c'est le *bourrier*, ou terreau des villes, composé des détritus de ménage et de la balayure des rues. Les *bourriers* de la ville de Bordeaux contiennent pour cent parties ; azote 1,02 ; acide phosphorique 1,57 ; potasse 0,56.

Ces matières fertilisantes, très fermenticides, apportent au sol qu'elles enrichissent une grande chaleur et produisent d'excellents résultats sur les plantes ; la durée de leur effet se prolonge pendant 3 ou 4 ans (1).

C'est pendant l'hiver qu'on exécute les terreautages, c'est-à-dire en décembre, janvier, février. Les engrais chimiques se répandent au printemps. Les fumiers de ferme ou terreaux de ville seront distribués avec utilité dans les vignes de la façon suivante : on enlèvera la terre à rang passé, et sur deux lignes tracées à dix centimètres de chaque cep, on placera le fumier ou le terreau. Deux ou trois ans après, le rang qui n'aura pas été traité recevra la même façon de fumure. En espaçant le fumier et en ne le mettant pas autour du pied on sollicite les racines à se développer pour aller puiser une nourriture substantielle qui se répand ensuite en exubérante végétation dans la plante entière.

Depuis peu, on a essayé dans notre département et avec succès l'engrais norwégien de poisson, de M. Jensen (2). Cet engrais organique est éminemment propre à la vigne. Le résultat de son application est de provoquer sur les racines une pousse presque immédiate de nombreuses radicelles.

A l'automne, de préférence, ou au printemps, on déchausse les pieds sur un rayon de 30 centimètres et on répand autour 300 grammes de cet engrais qu'on recouvre ensuite de terre ; voici son analyse : azote ammoniacal et organique 5,62 % ; acide phosphorique soluble 8 % ; potasse 8,95 % ; magnésie 5,33 %.

Nous ne sommes pas partisan des *matières fécales* employées de suite autour du cep ; elles produisent immédiatement une action très énergique sur la végétation qui ne dure pas, mais qui influe sur la mauvaise qualité des moûts. Il est préférable de mélanger ces matières fertilisantes avec du terreau ou de la tourbe et de les laisser se consommer ensemble.

Nous trouvons que les *chiffons* de laine sont d'une très longue

---

(1) M. Boussang, rue du Quai-Bourgeois, 6, entrepreneur du service du nettoiement de la ville de Bordeaux, est l'adjudicataire de ces *bourriers*.

(2) Représenté à Bordeaux par MM. Rey frères, rue Esprit-des-Lois, 2.

décomposition et influent beaucoup plus sur la production du bois que du raisin; ils contiennent 10 à 15 % d'azote et une assez forte proportion d'acide phosphorique (1).

La *suie*, qui renferme une certaine quantité d'azote, mais une assez forte proportion de phosphate de chaux et de sels de potasse, produit des effets assez remarquables sur la vigne dans les terres calcaires surtout ; on la répand à la dose de deux à trois mille kilos à l'hectare; son action est annuelle ou à peu près.

Les tourteaux d'*arachides*, de *colza* et d'autres graines renferment beaucoup d'azote et peu de potasse, il faut donc les compléter avec des engrais chimiques qui en contiennent.

La chaux est nécessaire pour tous les terrains qui n'en ont pas naturellement en quantité suffisante ; car la vigne est très sensible à cet engrais. Plusieurs propriétaires nous ont affirmé avoir réussi à reconstituer leurs vignes avec 2,000 kilos de phosphate de chaux et 500 kilos de sulfate de fer par hectare ; d'autres emploient dans les terres argileuses fortes, toujours avec le sulfate de fer, 2,000 kilos de sulfate de chaux (2).

Les divers engrais chimiques où l'on trouve l'azote, l'acide phosphorique ou la potasse peuvent être employés soit comme compléments d'autres engrais incomplets, soit réunis en proportions convenables, pour suffire à eux seuls aux besoins de la vigne.

Formule de M. Georges Ville, qui a donné de bons résultats :

Superphosphate de chaux...... 600 kilos par hectare.
Nitrate de potasse......... 200 »
» de soude.......... 100 »
Sulfate de chaux.......... 300 »

Autre mélange qui a réussi :

Sulfate d'ammoniaque..... 300 kilos par hectare.
Sels alcalins........ ... 400 »
Superphosphate de chaux... 500 »

(1) Nous avons essayé à l'automne 1887 sur des vignes très malades l'engrais de MM. Seyrat et Lebrun, de Bordeaux; c'est, d'après les inventeurs, un produit anti-phylloxérique dont nous ignorons la composition, mais nous devons reconnaître que ses effet ont été très marqués.
(2) La *chaux* et la *marne* ne contribuent pas seulement à modifier les propriétés physiques du sol; elles semblent entraîner une amélioration dans les qualités du vin au point de vue du corps et de la couleur.

Le chlorure et le sulfure de potassium sont aussi employés très utilement.

Les engrais chimiques sont généralement absorbés dès la première année; il est bon d'en alterner l'emploi avec celui des fumiers de ferme (1).

Plantes pour enfouir comme engrais vert. — On donne plus particulièrement le nom d'engrais vert aux plantes cultivées pour être enfouies dans le champ qui les a portées. On restitue ainsi au sol les éléments qu'il fournit aux plantes et on les lui restitue à l'état de matière organique jeune et d'une décomposition très facile. Ce n'est pas tout, on enrichit la terre arable des éléments qu'on a pu fournir aux plantes. Le principal mérite de cet engrais, c'est de procurer de la fraîcheur aux terres chaudes, de diviser les terres fortes, de les rendre plus meubles, plus légères, plus faciles au travail, plus productives. L'engrais vert rend les terres légères et poreuses plus liantes, et débarrasse le sol des mauvaises herbes.

L'enfouissement des plantes destinées à servir d'engrais vert doit être fait avant la formation des graines : parce que leur formation enlève au sol la meilleure partie des sucs nourriciers qu'il contient. Comme engrais végétal on doit choisir les plantes qui ont les feuilles larges et grosses et une végétation rapide sans être épuisante, qui, par l'abondance de leurs feuilles se nourrissent principalement des gaz qu'elles absorbent dans l'atmosphère et n'empruntent que fort peu de nourriture à la terre.

Il y a peu de cultures où *l'engrais vert* soit plus utile que dans les vignes, qui sont le plus souvent situées dans les sols calcaires ; ce sont les terrains où il réussit le mieux sous tous les rapports. Cet engrais apporte au sol et à cette plante les éléments qui lui plaisent, il évite en outre l'emploi fréquent des fumiers qui sont toujours rares, coûteux et d'un transport difficile (2).

---

(1) Ces renseignements sont extraits du *Manuel pratique de viticulture* de M. Foëx, directeur de l'Ecole d'agriculture de Montpellier.

(2) Les engrais verts valent même mieux que le fumier, ils sont moins chers, et nous pouvons, si cela est nécessaire, fumer le terrain chaque année, tandis que la quantité du fumier d'une ferme est à peine suffisante pour les besoins les plus pressants. Les plantes enfouies dans le sol se décomposent plus vite que le fumier pailleux, elles donnent beaucoup d'humus, et l'azote qu'elles contiennent a une beaucoup plus grande valeur que celui contenu dans le fumier. (Dr A. Stutzer, directeur de la Station agricole de Bonn : *Fumiers et engrais chimiques.*)

Avec le traitement des vignes par le *sulfure de carbone* qui exige des fumures assez fréquentes, on remplace très bien par des plantes enfouies dans le sol les engrais de ferme ou chimiques. Avant l'enfouissement des fourrages verts, on peut répandre dans les vignes et sur ces plantes des phosphates, des sulfates de chaux ou tout autre produit chimique.

Dans les terrains sablonneux, légers, maigres, pourvu qu'ils ne soient ni trop humides, ni trop calcaires, la meilleure plante comme engrais vert, c'est le *Lupin blanc* qu'on sème à l'automne, après la dernière façon de labour, environ à raison de 120 à 150 kilog. à l'hectare.

Dans les terres lourdes et argileuses fortes, il faut surtout employer des plantes retenant l'azote et non celles qui l'augmentent, de cette façon nous préserverons le sol des pertes d'azote. Les plantes les plus remarquables pour cet usage sont le *Colza*, la *Navette* et la *Moutarde blanche*.

Le *Colza d'hiver* ou d'automne très fourrageux est très riche en matières azotées ; se sème en août et septembre en lignes ou à la volée de 6 à 8 kilog. de graines à l'hectare et on l'enfouit en mars-avril.

Le *Colza* se vend environ 60 centimes le kilog.

La *Navette* d'été vient très promptement comme fourrage, se sème en septembre, à la volée, à raison de 10 à 12 kilog. de graines à l'hectare. Cette graine est peu coûteuse, elle vaut 75 centimes à 1 franc le kilog.

La *Moutarde blanche* pousse très rapidement, donne beaucoup d'ombre au sol et procure une récolte très abondante. On la sème en août et on l'enfouit au printemps. Dans un hectare, il faut 10 à 20 kilog. de semence.

Malheureusement, dès les premières gelées, la *Moutarde blanche* gèle, ce qui n'arrive pas au *Colza* ni à la *Navette*. Si on sème la moutarde au printemps, et s'il pleut, on pourra l'enfouir comme engrais vert trois mois après.

Le *Trèfle incarnat* ou *Farouch*, les *Vesces* ou *Pezillon* sont deux plantes qui conviennent très bien pour être employées comme engrais végétal; on sème en été ou à l'automne à la volée de 20 à 25 kilog. de semence de trèfle à l'hectare et on l'enfouit à la fin de l'hiver.

Pour le *Pezillon,* on emploiera 200 à 220 litres ou 140 à 160 kilog. à l'hectare; ce fourrage se sème dans les vignes à l'automne, vient parfaitement dans les terres argileuses, argilo-calcaires, partout où l'argile domine. Nous en disons autant des *Fèves* et *Fèveroles* qui fournissent un fourrage très azoté, en ensemençant 140 kilog. ou deux hectolitres à l'hectare.

Dans des sols argilo-calcaires frais, on sèmera en automne avec utilité le *Pois gris d'hiver,* appellé aussi *Pois agneau* ou *Bisaille,* à raison de 150 kilog. de graines à l'hectare.

En employant 100 kilog. de graines à l'hectare, on sèmera à la même époque que les pois, le *Lentillon d'hiver* dont le principal mérite est de réussir dans les terres calcaires, sèches, maigres et peu fertiles.

La *Spergule* vient très vite; on emploie 30 kilos de graines pour ensemencer un hectare. Cette plante exige un terrain frais, léger et sablonneux.

Un autre excellent engrais qui acquiert un assez grand développement dans les terres argilo-calcaires, c'est le *Fenugrec.* On répand de fin août en octobre, 15 à 20 kilos de graines à l'hectare; les semences doivent être peu enterrées.

Le *Raifort de l'Ardèche,* très employé et très apprécié dans l'Est ; il ne faut que 3 à 4 kilos de semences à l'hectare ; réussit bien dans la Gironde.

Si on cultive la vigne à *joualle,* c'est-à-dire à rangs espacés de 3 m. 50 cent. à 5 mètres, on peut semer le *Sainfoin* et le *Trèfle* de Hollande et après deux ou trois coupes, le sol est labouré et les racines de ces plantes sont une excellente fumure qui apporte aux vignes des substances très riches en potasse. Toute plante enfouie dans le sol qui lui convient, enrichit la terre arable.

Nous avons longuement insisté sur cette importante question des engrais, car c'est un des grands moyens pour maintenir les vignes et développer leurs racines, par conséquent leur donner une grande force de résistance contre les attaques du phylloxéra. Ils sont surtout indispensables si on pratique le traitement au sulfure et si on plante la vigne dans les sables.

Sulfure de carbone. — C'est un insecticide très actif et justement recommandé pour les terrains perméables. Quand on introduit du sul-

fure de carbone dans le sol, il se vaporise en se mêlant à l'air contenu
entre les particules du terrain et ces vapeurs ont assez de force pour
pénétrer loin du point où elles ont pris naissance, tout en atteignant
les insectes qu'elles rencontrent.

Il ne faut pas injecter un sol récemment détrempé par les pluies
cela amènerait des accidents de végétation), non plus qu'un terrain très
argileux ou superficiel, car il est indispensable que toute la masse du
sol soit imprégnée d'une manière aussi complète, aussi uniforme et aussi
rapide que possible d'une quantité de vapeur de sulfure de carbone
suffisante pour rendre l'atmosphère souterraine irrespirable pour l'insecte.

Le minimum de sulfure à employer est de 20 grammes par mètre
carré, soit 200 kilogrammes par hectare. Il y a même avantage, dans
les sols de profondeur moyenne, à porter cette dose à 240 ou 250 kilogrammes; c'est là le dosage qui convient le mieux à la majorité des
vignobles. Pour les terrains très profonds on ne doit pas hésiter à
atteindre la dose de 300 kilogrammes. On comprend aisément la raison
de cette augmentation puisqu'il s'agit d'imprégner un cube plus considérable de terre occupée par les racines et aussi par les parasites.

Beaucoup de viticulteurs n'ont pas réussi, à cause de l'insuffisance
des doses employées.

On applique le sulfure de carbone avec les pals injecteurs et les injecteurs à traction ou charrues sulfureuses (1).

Les pals distribuent le sulfure par petites doses dans des trous
que l'on a le soin de distribuer régulièrement dans le terrain à
30 centimètres du pied de vigne et à 35 centimètres de profondeur,
c'est-à-dire à portée des racines; il faut bien disposer les trous d'injec-
tion : les reboucher de suite d'un coup de talon ; traiter tout le champ
vivement afin que les vapeurs toxiques se généralisent dans le sol et s'y
rejoignent.

Les charrues sulfureuses répartissent l'insecticide dans les fentes tracées par l'appareil, la répartition est plus régulière ; mais avec cet instrument à traction, le sol est creusé moins profondément; il faut alors

(1) On a employé avec succès le *Salcator Vitis*. Cet instrument s'adapte à
toutes les charrues. — Le représentant de cet appareil, à Bordeaux, est M. Oc-
tave Audebert, rue d'Ornano, 35.

employer une plus forte quantité de sulfure, au moins 300 kilos à l'hectare. Cet insecticide coûte environ 40 francs les cent kilos, soit un prix de revient de 120 francs pour un hectare.

Le traitement se fait ordinairement en été: c'est le moment où il y a le plus d'insectes. Quinze jours avant et quinze jours après l'opération, il ne faudra donner aucune façon culturale à la terre ; ce serait le moyen de faire échapper vers l'atmosphère toutes les vapeurs de sulfure de carbone, sans leur laisser produire tout leur effet utile.

Avec ce traitement, il faut donner à la vigne qui est déjà très éprouvée par le phylloxéra, une fumure abondante soit avant, soit après l'opération au sulfure.

Pour retenir les évaporations du sulfure on a employé avec succès la *vaseline*, qui a donné de grands résultats. On a essayé aussi le *pétrole* et l'*huile de lin* ; d'autres propriétaires ont obtenu des effets très marqués de reconstitution de leurs vignobles, en mélangeant dans un réservoir de zinc le sulfure de carbone avec de l'eau de savon; on verse ensuite dans une cuvette autour du cep 40 grammes de ce mélange et on ajoute 20 à 25 litres d'eau en ayant soin de recouvrir le trou de terre aussitôt après l'opération.

Sulfo-carbonate de potassium. — C'est un des meilleurs insecticides connus jusqu'à présent ; mais il faut beaucoup d'eau à sa disposition, 20 à 30 litres par souche (règle générale, un insecticide est une substance liquide ou solide qui, placée dans le sol, fournira, soit par évaporation, soit par réaction, un gaz qui asphyxiera les insectes); en outre, cette composition chimique redonne au sol plus de potasse que la vigne n'en absorbe, ce qui à la longue serait un inconvénient auquel on remédie en employant un engrais plus azoté.

Cet *insecticide-engrais* peut être employé dans des terres peu profondes, calcaires, mais à la condition que le sol soit friable et laisse pénétrer les racines.

Il peut régénérer des vignes très malades, dans toutes les situations et sous tous les climats, pourvu que le traitement soit donné à la vigne chaque année.

Le litre de sulfo-carbonate de potassium contient de 15 à 20 grammes de sulfure de carbone, pèse de 1,200 à 1,450 grammes et se vend de 45 à 48 francs les 100 kilog.

Généralement le sulfo-carbonate est employé à la dose de 60 grammes par souche pour les vieilles vignes et à la dose de 20 à 30 grammes par souche pour les jeunes vignes ou plants.

Puis, après le traitement, il faut d'abord faire autour du cep de vigne une cuvette aussi large que possible. Si le sol est léger et calcaire il sera utile de faire trois trous à la base de la cuvette, de façon à percer le rocher et permettre au liquide de s'introduire dans le sous-sol où se trouvent généralement les racines de la vigne.

Le sulfo-carbonate a l'avantage d'être en même temps, pour la vigne, un insecticide et un engrais excellent.

Submersion. — Partout où on pourra avoir de l'eau facilement, abondamment et économiquement et où le sous-sol ne sera pas trop perméable, on submergera la vigne en hiver, c'est-à-dire que l'on couvrira le sol d'une nappe d'eau à fleur de terre, pendant quarante ou cinquante jours consécutifs : cette immersion doit être faite tous les ans pour éviter les atteintes des nouvelles invasions du phylloxéra. Les résultats obtenus par la submersion sont surprenants, jamais les vignes n'ont tant donné ; mais il est nécessaire que les eaux soient limoneuses car elles apportent à la vigne une grande fertilité ; les eaux limpides débilitent la plante, lavent le sol et par conséquent l'appauvrissent.

Plantations dans les sables. — Il est reconnu que la vigne plantée en sables bien dilués est à l'abri de l'invasion phylloxérique, parce que sa pérégrination dans le sol, le long des racines et du cep, est rendue impossible par la cohérence du sable. Pour qu'un terrain soit indemne du phylloxéra, il faut que le sable entre au moins dans la composition du sol pour 80 pour 100. Si on possède des terres sablonneuses ainsi constituées, qu'on y plante des vignes françaises ; en y apportant des soins culturaux et une fumure abondante on y obtiendra de belles vignes.

X. — Des maladies cryptogamiques (1) et autres altérations qui attaquent la vigne. — Des insectes nuisibles.

Du Mildew, du Coniothyrium diplodiella et du Black-Rot.

Nous avons réuni ensemble ces trois maladies parce qu'elles sont traitées avec efficacité par les sels de cuivre. Du reste toutes trois produisent le rôtissement ou grillage de la grappe. Le *Mildew* c'est le *Rot gris*, le *Coniothyrium* c'est le *Rot livide*, le *Black Rot* c'est le *Rot noir*. Le plus commun de ces cryptogames, c'est le *Mildew (peronospora viticola)*, qui attaque et blanchit le dessous des feuilles, sous les nervures, en juillet, août, septembre, les fait dessécher et tomber comme la gelée d'automne; alors il y a arrêt dans la végétation, les bois ne s'aoûtent pas et se rabougrissent, le raisin dépérit, se flétrit, ne mûrit pas et donne un vin défectueux qui ne se conserve pas.

D'après M. Vialla, les grappes atteintes du *Mildew* présentent les caractères suivants :

« Les grains envahis présentent une teinte jaune livide au pourtour « du pédicelle, la peau se surélève et la chair devient très pulpeuse. « L'altération progresse peu à peu sur le sommet du grain en prenant « successivement des teintes plus foncées en rouge brun. Puis les fruits « se vident, sont d'un brun foncé et tombent quelques temps avant la « maturité. Cette forme d'altération est identique au *Brown Rot* (Rot « brun des Américains). »

Le *Rot du Mildew* s'est surtout manifesté cette année sur les variétés de vignes à gros grains ; un bon sulfatage sur la grappe aussitôt l'apparition du mal a eu un résultat curatif ainsi que pour le *Coniothyrium diplodiella* qui produit aussi le dessèchement du grain. Dans cette maladie, dit M . Planchon : « les pédicelles des grains attaqués, les ra-« meaux de la grappe et le pédoncule tout entier pourrissent en prenant « une teinte jaunâtre avant que le mal ait évolué dans les grains eux-« mêmes. De là vient que les graines, les portions de grappe ou les grappes « entières se détachent et tombent à terre, si bien que la maladie pourrait

---

(1) Lire l'important ouvrage de M. Pierre Vialla, *Les maladies de la vigne*.

« s'appeler maladie *des grains caducs*, tandis que le *Black Rot* fait
« d'abord flétrir et noircir le grain, le tache de pustules noires en respec-
« tant le plus souvent le pédicelle. Les grains malades, d'abord fauves,
« prennent bientôt une teinte livide et se creusent ensuite en formant
« des saillies ridées qui prennent souvent une teinte gris de plomb. La
« pulpe des raisins ridés et noircis par le *Black Rot* n'a pas d'odeur
« spéciale; les raisins pourris par le *Coniothyrium* ou *Rot livide* exha-
« lent le plus souvent quand on les écrase une odeur spéciale qui tient
« de la putridité et du moisi, mais ce caractère est parfois peu
« marqué. »

Le *Black Rot* ne se manifeste sur les grains de raisin que quelques
jours avant la véraison.

Cette maladie se révèle tout d'abord par une petite tache circulaire,
décolorée; elle grandit et prend brusquement une teinte rouge livide
foncée au centre et diffuse sur les bords, on dirait une meurtrissure, puis
le grain entier se flétrit et se dessèche en prenant une teinte noire
foncée avec reflet bleuâtre. A ce moment on voit apparaître sur la surface de cette peau ridée de petites pustules noires. Ces ponctuations très
petites se multiplient très promptement. Ces phénomènes d'altération,
écrit M. Pierre Vialla, se produisent dans l'espace de trois ou quatre
jours. Le grain ne tombe pas aussitôt, il reste adhérent à la grappe
pendant quelque temps encore, puis il se détache soit avec la grappe
entière, soit avec un fragment plus ou moins considérable, parfois
même il n'entraîne dans sa chute que le pédicelle auquel il est attaché.

Le *Black Rot* ne se montre jamais simultanément sur toutes les
grappes d'une souche; plus rarement encore il attaque en même temps
tous les grains d'une même grappe. Généralement il apparaît isolément
sur un ou plusieurs grains et envahit ensuite les autres d'une façon
assez irrégulière. Le pédicelle et le pédoncule sont rarement attaqués.

Les caractères principaux qui distinguent le *Black Rot* du *Mildew* et
du *Coniothyrium* sont avec la ponctuation noire sur le grain de raisin une fois qu'il est desséché, des plaques teintes feuilles mortes
mesurant 2 à 3 millimètres de diamètre qui apparaissent sur les deux
faces des feuilles, lesquelles sont aussi parsemées de petits points noirs,
même sur les rameaux; lorsque le *Black-rot* apparaît, il présente généralement des lésions peu étendues d'un noir livide creusées ou fendillées

et toujours pourvues de pustules ; elles sont situées le plus souvent au niveau des nœuds, mais restent aussi isolées sur le milieu du mérithalle.

Cette maladie heureusement n'a causé encore aucun ravage dans la Gironde ; dans le département de Lot-et-Garonne où ce nouveau fléau a fait assez sérieusement son apparition, on l'aurait, paraît-il, combattu avec succès en employant en pulvérisation 6 kilos de sulfate de cuivre par hectolitre d'eau.

Traitement du Mildew et du Coniothyrium, diplodiella.

Il est nécessaire d'employer du sulfate de cuivre de bonne qualité et de la chaux grasse en pierre nouvellement cuite, elle est plus efficace.

La formule généralement admise aujourd'hui se compose :

Eau.............. 100 litres.
Sulfate de cuivre... 3 kilos.
Chaux vive......... 3 kilos (1).

On fait dissoudre le sulfate de cuivre dans de l'eau chaude qu'on répand ensuite sur les cent litres d'eau, et une fois que la chaux est préparée, sous forme de lait de chaux, on la verse peu à peu dans la solution de sulfate de cuivre en ayant le soin de remuer fortement le mélange pendant l'opération, et il se forme alors un liquide d'une belle couleur bleue.

Comme le bois n'est pas attaqué par le sulfate de cuivre on se sert généralement d'une barrique bordelaise de la contenance de 225 litres d'eau dans laquelle on met :

Sulfate de cuivre... 6 kilos.
Chaux........... 6 »

Cette proportion paraît suffisante, et a produit cette année de très

---

(1) Nous croyons que la chaux ainsi employée joue un excellent rôle dans la végétation de la vigne qui l'absorbe par les feuilles ; c'est un engrais qui lui donne une grande vigueur. Les vignes ont été si sensibles à ce traitement au sulfate de cuivre et de chaux, qu'on s'est demandé si le phylloxéra ailé n'était pas détruit par ce sulfatage, et si l'insecte souterrain n'en ressentirait pas alors les effets.

bons effets. Si on redoutait cependant une invasion intense de mildew on pourrait employer une dose plus forte, soit :

Sulfate de cuivre...   5 kilos par hectolitre d'eau.
Chaux............   4   »   »

ou par barrique bordelaise d'une contenance de 225 litres :

Sulfate de cuivre ....   10 kilos.
Chaux.............................   8 »

La température de l'année 1888 a été très irrégulière, il a fait froid très longtemps, les mois de juin, juillet et août ont été très humides ; aussi il a fallu lutter très énergiquement contre le *Mildew* et le *Coniothyrium* qui ont sévi avec une certaine intensité sur les grappes. L'Othello et le Merlot ont été les plus attaqués ; mais un bon traitement sur les raisins à la *bouillie bordelaise* ou à l'ammoniure de cuivre a eu raison de ces cryptogames (1).

L'ammoniure de cuivre à la dose de 8 litres par hectolitre d'eau est un remède dont le prix est plus élevé, mais qui doit être recommandé pour le traitement du mildew de la grappe et pour préserver de cette maladie les raisins de table. Ce liquide ne salit ni les feuilles ni la grappe, et est d'une grande innocuité. On peut, à la maturité, consommer le raisin sans le laver.

Nous ne parlerons pas des autres moyens employés pour combattre ces maladies cryptogamiques, comme les *solutions simples de sulfate de cuivre*, *l'eau céleste* (2) et les *poudres au sulfate de cuivre*; ces moyens sont efficaces, mais ils n'ont pas donné de meilleurs résultats que la *bouillie bordelaise.*

Époque et nombre des traitements. — Les traitements à la Bouillie bordelaise comme tous les traitements aux sels de cuivre doivent être exécutés préventivement.

---

(1) Nous croyons être utile aux propriétaires en leur indiquant l'ammoniure préparée par MM. Gineste et Loisy, pharmaciens, cours de Tourny, 82, Bordeaux.
(2) Voici la formule de M. Audoynaud pour fabriquer l'Eau céleste :
    Sulfate de cuivre..............   1 kilo.
    Ammoniaque à 22 degrés Baumé   1 kilo et demi.
    Eau. ....   200 litres.

Si on attendait une grande invasion du mildew pour traiter, la lutte serait difficile, car on ne pourrait faire face partout à la fois au développement de ce champignon dont la marche est très rapide.

Des propriétaires ont commencé leur traitement aussitôt après la floraison de la vigne; ils ont pulvérisé sur les rameaux et sur les grappes; la vigne à ce moment est très développée et pousse vigoureusement.

Le deuxième et dernier traitement a été effectué quelques jours avant la véraison, du 25 juillet au 10 août. La réussite a été complète ; mais ces deux traitements sont indispensables.

Si on a des cépages plus disposés à prendre cette maladie, comme le *Malbec, Merlot, Mansenc, Jurançon, Grenache, Carignane, Terret Bouschet, Petit Bouschet, Jacquez, Othello*, il sera bon, suivant l'année, de donner trois et même quatre sulfatages (1) :

1° Beaucoup de viticulteurs pratiquent le premier traitement lorsque les formancés commencent à paraître ; à cette époque la vigne est peu poussée, l'opération peut se faire même dans un grand vignoble en peu de jours.

Les jeunes pousses sont alors très tendres, et s'imprègnent facilement de toutes ces solutions aux sels de cuivre qui forment sur les feuilles une sorte de cuirasse, qui les met à l'abri des invasions, non seulement du *Mildew*, mais des *altises* et des *limaçons* et de beaucoup d'insectes qui causaient de grands ravages autrefois dans les vignobles avant l'emploi du sulfate de cuivre, de l'ammoniure ou des autres moyens.

2° Le deuxième traitement devra être pratiqué après la floraison; on devra surtout asperger les grappes pour les empêcher d'être envahies par le *Peronospora viticola* et par le *Coniothyrium*.

3° Le troisième traitement sera donné au moment de la véraison du raisin, vers les premiers jours d'août. Cette opération facilitera l'aoûtement des sarments et hâtera même la maturité du raisin.

Dans les années ordinaires deux traitements peuvent suffire. Si on est obligé de donner quatre sulfatages, on commencerait le troisième vers le 1er juillet, pour donner le quatrième du 15 au 20 août.

(1) Voici quelques instruments réputés très bons pour répandre la Bouillie bordelaise et les sels de cuivre :
Appareils Grétillat, Rousset (Japy), Vermorel, Dr Loumaigne, Noguès, Lamberterie, Guibert, Duru, Vigouroux, Delort et Guiraud.

Cépages français qui ont été le moins sensibles au mildew : — *Castels, Cabernet Sauvignon, Cabernet franc, Sauvignon et Semilion blanc, Portugais bleu, Durif et Elruire de la Dhuys.* — Cépages américains : *Rupestris, Riparia Sauvage, Solonis, Clinton, Taylor, Oporto, Vialla, Elvira, York-Madeira, Cuningham, Secretary, Senasqua, Noah, Herbemont, Black July, Duchess.*

Il est parfaitement admis aujourd'hui que les sels de cuivre appliqués à temps, préventivement, sont d'une efficacité absolue contre le *Mildew.*

Il est prouvé aussi que les quantités infinitésimales de cuivre qui pourraient dans quelques cas se trouver dans les vins ou les piquettes, ne peuvent avoir aucune influence au point de vue hygiénique.

L'action directe sur l'organisme, ou l'action *intoxicante* par faibles doses répétées, ne sont aucunement à craindre.

En outre, on est bien revenu aujourd'hui des idées anciennes sur la nocuité des sels de cuivre, que l'on absorbe d'ailleurs avec une foule de substances alimentaires.

De l'Anthracnose (Peronospora infestans). — Les caractères généraux de cette maladie charbonneuse de la vigne sont des taches d'un brun noirâtre, de forme arrondie ou ovale, très nettement limitées et noires surtout au pourtour ; elles attaquent toutes les parties du végétal, jeunes sarments, feuilles, vrilles et grappes.

Ces taches sont dues à la pénétration dans les tissus d'un très petit champignon (*phoma vitis*); une fois que ce champignon a touché un sarment ou une branche, le raisin en peu de jours, est vite attaqué et devient tout noir : on dirait la maladie charbonneuse du blé.

Il y a trois sortes d'Anthracnose : l'*Anthracnose maculée* ou *Brenner* des Allemands, l'*Anthracnose ponctuée* ou *grandinée* et l'*Anthracnose déformante.*

Il y a identité d'origine pour ces trois formes d'Anthracnose. Cependant l'*Anthracnose maculée* apparaît seulement sur les jeunes rameaux de l'année, sous forme de petits points isolés et teintés d'un brun clair livide. Cette variété est moins fréquente sur les feuilles que sur les rameaux, elle se montre sur les grains sous forme de points noirs qui s'étendent en restant circulaires; le centre devient blanchâtre et se creuse. Les lésions peuvent être assez profondes pour que les pépins de la baie soient mis à nu, les bords de la plaie sont alors irréguliers. L'*Anthracnose maculée* produit les plus grands ravages, c'est la forme la plus redoutable.

L'*Anthracnose ponctuée* affecte la forme de petits points noirs isolés sur les rameaux ; elle est fréquente sur les nervures des feuilles ; elle les arrête dans leur croissance ; ses atteintes sont plus graves surtout sur les fleurs, bien plus que sur les fruits ; elles entraînent la coulure. L'*Anthracnose ponctuée* se développe dans les bas-fonds, dans les endroits humides, mais elle exerce ses ravages aussi dans des milieux secs, par suite probablement du manque d'humidité. L'*Anthracnose maculée* n'apparaît que dans les lieux humides et les années pluvieuses.

L'*Anthracnose déformante* ou *chiffonnée* s'attaque surtout aux feuilles, qu'elle tord et boursoufle ; elles conservent cependant leur teinte verte normale.

Influence du cépage. — Les cépages qui souffrent le plus des effets de l'Anthracnose sont : *Cabernet Sauvignon, Merlot, Malbec, Jacquez, Alicante-Bouschet, Clairette, Aspiran, Grand noir de la Calmette, Terret Bouschet, Riparia* (les feuilles sont attaquées par l'*Anthracnose ponctuée*).

Les cépages qui résistent le plus à l'action de l'Anthracnose sont : *Petit Bouschet, Chasselas, Grappu, Mancin, Béquignol* ou *Fer, Castets, Machouquet, Syrah, Pignon, Durif, Herbemont, Cynthiana, Noah.*

Traitement de l'Anthracnose. — En février, huit ou dix jours avant le débourrement des bourgeons, on emploie avec succès comme traitement préventif, le badigeonnage avec un pinceau, sur le bois de la taille et sur celui de l'année précédente :

De 50 kilos de sulfate de fer sur lequel on verse :

> Un litre d'acide sulfurique à 53°
> 100 litres d'eau chaude.

Comme en se refroidissant le sulfate de fer se cristallise, il est préférable de préparer tous les matins cette solution, pour l'employer dans la journée ; si la pluie survenait après le traitement, il serait bon de refaire une deuxième fois l'application.

Un remède qui était très usité dans le principe, et qui a produit de bons effets, nous voulons parler du badigeonnage des sarments en janvier, février, mars, avant que la vigne entre en végétation, avec une dissolution de 500 à 550 grammes de sulfate de fer par litre d'eau avec 50 grammes de sulfate de cuivre. On avait remarqué que l'opération pratiquée une seule fois n'était pas suffisante, alors on avait donné deux traitements sur les bois de taille, avant que les bourgeons ne s'épanouissent et gonflent. Mais sous l'influence de l'action corrosive du sulfate de fer on a observé qu'après avoir usé plusieurs années de ce remède, l'écorce des sarments éclatait.

On a alors essayé avec succès un troisième traitement qui n'est autre que la Bouillie bordelaise dans les proportions suivantes :

Eau............... 100 litres.
Sulfate de cuivre.... 15 kilos.
Chaux............. 8 kilos.

Ce badigeonnage s'exécute en hiver, après l'opération de la taille; si on traite la souche entière, cette chaux (qu'il faut employer nouvellement cuite), nettoie le cep des larves, des insectes, des champignons qui s'y trouvent et éloigne des vignes les limaçons et les chenilles.

Moyens curatifs. — Le printemps et l'été de 1888 ont été très humides, l'Anthracnose a sévi très fortement pendant une longue période, aussi des propriétaires ont essayé sur la vigne avec le succès le plus complet de la *chaux hydraulique* en poudre; les *Jacquez*, les *Cabernet* et les *Merlot* qui étaient très attaqués ont été guéris par cet excellent procédé.

Ce remède n'est pas coûteux, cent kilos de chaux hydraulique se vendent 4 francs ; on couvre les sarments, les feuilles et les raisins avec cette poudre; cette opération doit s'effectuer par un temps sec au moment du soufrage et on peut même se dispenser, si on mélange un quart de soufre environ, d'exécuter ce traitement. Plus la chaux employée contient de la magnésie, plus le remède est efficace; le mildew qui avait attaqué les grappes d'Othello s'est arrêté sous l'influence de cette opération.

Du reste, pour l'Othello, le chaulage peut avec utilité remplacer le soufrage qui lui est contraire.

D'autres propriétaires ont employé contre l'Anthracnose un mélange de plâtre et de sulfate de fer pulvérisé qui a produit une action satisfaisante sur l'état de la vigne.

Le traitement à l'ammoniure de cuivre n'a pas guéri, mais a semblé arrêter la marche de l'Anthracnose ; les vignes qui avaient subi ce traitement plusieurs fois et plusieurs années de suite étaient surtout moins attaquées par ce champignon.

De l'Oïdium. — Cette maladie qui, sans cause préalable apparente, attaque la feuille, l'assombrit, la blanchit extérieurement, la recoquille sans la faire tomber, puis apparaît en poudre blanche sur les grappes, fait casser le grain et en empêche la maturité, est un champignon qui vient entraver la sève au détriment de la bonne végétation annuelle.

Pour que les germes de l'*Oïdium* entrent en incubation, il leur faut une chaleur humide durant quelques jours, de 15 à 20 degrés au-dessus de zéro. On garantit la vigne des ravages de ce cryptogame par la projection intelligente et opportune de la fleur de soufre ou soufre sublimé ; ce remède est infaillible et peu coûteux. Le soufre trituré et un mélange de soufre et de charbon (matière Coulet et Chausse), sont employés aussi par certains viticulteurs.

Le soufre n'agit réellement contre ce parasite qu'au-dessus de 20 degrés de chaleur.

Depuis les traitements répétés de chaux et de sels de cuivre, l'*Oïdium* est moins intense et un soufrage, deux au plus, ont arrêté la marche de ce champignon.

Ce serait un résultat heureux, si on parvenait par les sels de cuivre, à se débarrasser de l'Oïdium, car nous croyons que l'usage du soufre a contribué à anémier la vigne et à rendre les vins plus légers et moins sucrés.

Le Pourridié. — C'est l'altération des racines de la vigne causée par l'action directe de champignons parasites, qui entraînent assez rapidement la destruction du cep. Les caractères extérieurs des vignes attaquées présentent de l'analogie avec l'action produite par le phylloxéra.

Un vignoble est d'abord atteint par points isolés et d'année en année les taches s'étendent.

Les rameaux se rabougrissent et des ramifications poussent surtout nombreuses à leur base. Les sarments se dessèchent et l'écorce se détache du collet, et au moindre effort le cep entier s'arrache facilement du sol.

Les racines finissent par se décomposer, elles deviennent spongieuses et noires. Cette maladie n'est autre que le *blanc* des racines qui se développe sur les chênes, sur les arbres fruitiers et sur les arbres à essences résineuses. Ce n'est donc pas une maladie spéciale à la vigne ; des auteurs soutiennent que le *Pourridié* se met surtout sur les vignes plantées après un défrichement de bois, ou si on a laissé dans le sol de nombreuses racines d'arbres qui en se pourrissant apportent cette maladie.

Ce parasite paraît provenir aussi, affirme-t-on, d'une fumure inintelligente, c'est-à-dire trop copieuse, trop profonde, trop vite enterrée ou déposée sur les racines.

Mais le *Pourridié* ne se développe rapidement que dans les milieux humides ; il existe le plus fréquemment dans les terres argileuses et marneuses, où l'eau est stagnante, et dans celles à sous-sol imperméable, et où il y a de l'alios comme dans les Landes. On réussit même à le faire pousser activement sous l'eau.

Dans un même vignoble on constate le *Pourridié* dans les poches où l'eau s'accumule, tandis que les parties voisines étanches sont indemnes : dans les vignes en coteaux ce sont les parties basses qui sont le plus souvent attaquées. L'humidité est donc une cause prédominante dans le développement de ces maladies.

Le remède consistera à drainer le terrain, à faciliter l'écoulement des eaux, en un mot, à le rendre sain ; la vigne attaquée, qu'elle soit jeune ou vieille, sera arrachée, et si on replante immédiatement, il faudra planter des cépages provenant d'un autre vignoble.

Cottis. — On désigne sous le nom de *Cottis* une maladie de la vigne dont les caractères principaux se manifestent par un rabougrissement des rameaux qui sont très ramifiés et une jaunisse finale des feuilles qui sont en même temps plus découpées ; les feuilles se frisent et ressemblent à des pousses d'orties. Le Cottis est surtout fréquent dans les terres blanches à sous-sol peu profond, marnes blanches, terres crayeuses calcaires, graviers blancs, terres pauvres à sous-sols superficiels, marneux ou de tuf.

Nous avons remarqué cette maladie cette année sur deux pieds d'*Othello*.

Dans les Charentes où le *Cottis* est assez fréquent, il se développe surtout sur les cépages rouges : *Balzac* ou *Mourvèdre*, *Alicante*.

Les caractères du *Cottis* se manifestent exclusivement sur les rameaux et les feuilles de la vigne.

On ne peut indiquer aucun traitement pour une maladie encore peu connue et mal définie.

De la Chlorose. --- Au printemps, quelques jours après une pluie d'orage qui a rafraîchi la température, on aperçoit des feuilles de vignes qui présentent de grandes bandes jaunes ; quelques feuilles prises en bas des pieds sont même déjà complètement jaunes. Cette décoloration des feuilles est produite par une formation insuffisante de la *chlorophylle* ou partie verte des plantes. Beaucoup de causes occasionnent cette regrettable perturbation dans les plantes, mais nous n'exposerons que les principales. Il y a deux sortes de chlorose : dans la végétation la première est printanière ; la seconde est chronique ; elles proviennent toutes deux du défaut de nutrition ou d'une lésion dans les fonctions nutritives de la plante.

1° Lorsqu'après des chaleurs excessives comme cette année, fin mai et commencement de juin, la température se refroidit promptement, il y a un arrêt brusque et momentané dans la végétation de la plante, les feuilles jaunissent. Le sol est le plus souvent argileux, compacte, imperméable, s'imprègne d'eau; alors certaines vignes qui, pendant la durée de la végétation craignent plus particulièrement l'eau, jaunissent ; il en est de même des arbres fruitiers : poiriers et pêchers. Mais cette chlorose qui se manifeste tout d'un coup au printemps est peu dangereuse, lorsque les causes qui l'ont fait naître disparaissent. Quand la chaleur revient et sèche le sol, les plantes reprennent leur état normal.

2° Mais dans des terrains humides s'échauffant tardivement au printemps, dans des sols argileux et compactes, marneux, imperméables, la chlorose cause de grands ravages.

Certains cépages américains qui ne se plaisaient pas dans des sols de ce genre, ont jauni, qu'ils soient greffés ou producteurs directs. Cependant, pour les vignes greffées, très souvent la cause de ce jaunissement provenait d'une mauvaise soudure. En horticulture, pour certaines variétés de poiriers dont les racines se trouvaient mal d'un sol calcaire, on les a guéries en les fumant fortement avec des engrais de ferme et en employant 100 grammes de sulfate de fer en cristaux par pied. Les arrosages du pied avec une dissolution concentrée de sulfate de fer répétée cinq ou six fois (1 kilog. de fer par 10 litres d'eau); le seringage des feuilles des arbres fruitiers avec de l'eau sulfatée produisent aussi des effets immédiats : la couleur verte, sous l'influence de l'action du fer, revient promptement.

Si on possède des arbres ou des vignes dont les feuilles jaunissent par suite d'humidité, il faut drainer le sol et employer des engrais actifs et promptement solubles. Nous nous sommes très bien trouvé, pour réchauffer le sol, de l'emploi du *fumier de mouton* et surtout des *bourriers de ville.*

Pour les vignes, il faudra surtout s'abstenir de planter certaines variétés dans des terres blanches ou dans celles trop marneuses, trop argileuses, trop imperméables ou trop maigres.

Dernièrement, on nous disait que le sulfate de fer avait donné une grande végétation à des arbres fruitiers dans un vaste verger d'un hectare, où on avait semé à l'automne sur le sol 400 kilog. de ce produit.

D'autres agriculteurs ont appliqué sur un hectare de vignes 500 kil. de sulfate de fer et 2,000 kilos de sulfate de chaux, et ont obtenu d'excellents résultats.

En résumé, les sols ferrugineux qui sont plus chauds, car ils absorbent plus facilement les rayons solaires, les sols siliceux, profonds et très perméables, sont généralement exempts de la chlorose.

Coulure. — On entend par coulure l'avortement des fleurs qui tombent sans nouer leurs fruits. C'est quelquefois le résultat d'une conformation anormale de la fleur de la vigne; il faut alors sélectionner les cépages et rejeter ceux qui sont coulards.

Mais le plus souvent la coulure a pour principale cause des pluies persistantes et froides pendant la floraison, une humidité constante du sol, des alternatives de rosées et d'insolation ardente ou des vents desséchants sur la fleur de la vigne. Les abris qu'on a conseillés pour préserver des gelées, garantiront les vignes de cet accident si fréquent.

De l'Erineum de la vigne. — C'est une maladie sans gravité que la grande similitude de ses caractères fait prendre quelquefois pour le *Mildew* et qui apparaît avec la pousse dès le commencement de mai. Cette maladie est très ancienne, elle se développe surtout dans les printemps humides. Elle est connue sous le nom d'*Erineum vitis* (*Erinéose*) et est due à la piqûre d'un acarien, petit insecte à quatre pattes nommé *phytoptus vitis.*

Les feuilles piquées se couvrent sur le dessus de taches brunes, tandis qu'au-dessous se forment des plaques duveteuses ressemblant à du feutre, avec un reflet brillant, blanc rosâtre d'abord, devenant brun foncé ensuite et formant des boursouflures ou cloques, ce qui ne se produit pas par l'effet du *Peronospora viticola*.

Cette année, nous avons constaté qu'il y a des feuilles de vignes qui étaient presque complètement couvertes en dessous de ces concrétions salines : cependant et heureusement toutes les feuilles du même pied ne sont pas également atteintes, il y en a qui n'ont que quelques gales. Ce serait un réel danger : si les stomates étaient entièrement bouchés les feuilles ne respireraient plus.

Ordinairement les chaleurs de la seconde moitié de mai et des mois d'été en ont vite raison en faisant progresser rapidement le développement des surfaces foliaires, de telle sorte que les portions érinosées deviennent relativement très restreintes, et que n'étant pas d'ailleurs profondément altérées dans leur parenchyme, elles n'entravent que très accessoirement les fonctions nutritives des feuilles.

On a observé cette année qu'après les sulfatages et le traitement à l'ammoniure de cuivre, l'*Erineum* n'a plus progressé et a disparu peu à peu.

Attelabe (*Rynchites Betuletti*). — Dans certains vignobles du Bordelais on a remarqué que des feuilles étaient roulées par un insecte d'un vert doré, muni d'une sorte de défense allongée avec laquelle il pique le pétiole des feuilles qui se flétrissent et alors sont faciles à rouler. Ce coléoptère est appelé dans le nord *Lisette*, et nos vignerons le désignent sous le nom de : *Listraou*. Cette variété de Charançon dépose sept ou huit œufs dans les feuilles de la vigne qu'il a traitées comme un fumeur emploie un papier de cigarettes, aussi on le nomme *Cigarier*. On fera bien au mois de juin, de ramasser les feuilles roulées et de se presser à exécuter cette opération, car autrement la larve, avant de descendre dans le sol pour se transformer en insecte parfait, rongera les feuilles et arrêtera la végétation par la suppression de ces organes qui sont les poumons du végétal.

Les feuilles repoussent, il est vrai, en partie, mais le fruit arrêté dans son développement, a souffert et court le risque de se dessécher au lieu de grossir.

Altise. — L'*Altise* est un petit coléoptère vert ou bleuâtre de 0 m. 05 centimètres de long, sautant agilement lorsqu'on veut le saisir.

Dès que les bourgeons de la vigne commencent à paraître, les *altises* très nombreuses, dans certaines années, dévorent les feuilles naissantes et s'attaquent même aux jeunes sarments.

Depuis les traitements aux sels de cuivre, ce coléoptère est bien moins dangereux.

Autrefois, dans le Midi, on détruisait cet insecte en le faisant tomber dans un entonnoir en fer-blanc.

Gribouri. — C'est l'*Écrivain* ou *Eumolpe*, petite mouche qui mange les feuilles, pique les grains et tombe à terre à la première alarme ; on peut le prendre et l'écraser en secouant les ceps et en faisant tomber cet ennemi de la vigne dans un entonnoir ; on a aussi conseillé pour détruire cette larve l'emploi des tourteaux de colza ou de moutarde.

Pyrale. — Ce papillon d'abord et cette chenille ensuite, attaque les grains et enroule les feuilles ; on le détruit très bien en hiver ou au printemps en jetant de l'eau bouillante sur les vieux sarments où l'insecte s'est réfugié. On peut employer aussi l'ébouillantage des ceps pour se débarrasser de l'*Attelabe* ou Lisette et pour détruire le *Cochylis*, chenille qui cause de réels dommages dans le Midi, vers le mois d'août, en perçant le grain pour se nourrir de sa pulpe, et passant de l'un à l'autre ; la grappe entière est bientôt desséchée. Souvent on est obligé, pour soustraire un vignoble aux ravages de cet insecte, de vendanger les raisins encore verts.

XI. — Des Semis.

Pour obtenir une germination plus régulière on fera bien de faire stratifier les graines quelques mois avant les semis, dans du sable humide, et dans le courant du mois de mars, l'on jettera sur le sable quelques gouttes d'eau. Les graines dans leur enveloppe se conservent plus longtemps que les graines mondées. Si l'on recevait ces semences tardivement et que l'on fût pressé d'exécuter le semis, on pourra se borner à faire tremper les graines dans de l'eau pendant trois ou quatre jours.

Les graines récoltées quand elles sont bien mûres sont les meilleures. Il est avéré cependant, que les graines qui ont fermenté peuvent germer, mais ce n'est pas le cas le plus fréquent. Il est bien préférable de les ramasser avant leur mise en cuve.

Le semis s'effectue au mois d'avril, de manière que la terre soit échauffée par les rayons du soleil et que les jeunes plants n'aient rien à redouter des gelées après avoir levé.

Le terrain doit être bien défoncé et bien ameubli ; on espace les rayons à 10 centimètres les uns des autres ; les graines sont semées à 3 ou 4 centimètres de profondeur, sur une plate-bande convenablement préparée et recouverte de 5 à 6 centimètres de terreau et de sable, si le sol est un peu compacte. Les pépins sont placés à 10 centimètres de distance environ dans le rang. On recouvre la planche d'un léger paillis.

Le type Riparia est celui dont la germination est la plus prompte et la plus certaine, il lève généralement au bout d'un mois ; les Æstivalis lèvent au bout de huit à dix semaines.

Les graines de deux ans germent en proportion plus faible que celles de l'année. Après cet âge, elles germent difficilement.

Les plants de semis de Riparia atteignent fréquemment 1 m. 25 cent. à 1 m. 75 cent. de longueur la première année.

Les *Vitis Æstivalis*, dans la même période, atteignent à peine 50 à 60 centimètres.

A la fin de l'hiver, on repique ces plants à demeure en pépinière ; le *Vitis Riparia* est quelquefois greffable après la deuxième feuille, mais on peut le greffer ordinairement la troisième année apèrs le semis. On s'est beaucoup exagéré la durée du temps nécessaire pour arriver à la fructification des plants de semis.

Certains d'entre eux donnent à partir de la troisième année, la plupart commencent à produire à la quatrième ou à la cinquième année.

XII. — Description des cépages.

Dans la deuxième partie de ce travail, nous décrivons d'abord les cépages de cuve, noirs et blancs, les plus répandus de la Gironde, de la région de l'Est, du Centre, du Midi, et enfin les raisins de table.

Nous traitons des porte-greffes américains dans la troisième partie.

Dans les quatrième et cinquième parties, nous passons en revue les producteurs américains, les hybrides blancs et rouges de cuve et les variétés dont on peut essayer la culture comme raisins de table.

Nous avons aussi étudié les hybrides producteurs directs blancs et rouges qu'on peut essayer en petite quantité et ceux qu'on ne doit considérer que comme variété de collection.

Pour les vignes de notre région et les vignes américaines que nous possédons, nous avons puisé nos observations dans nos cultures et dans les renseignements si utiles que les propriétaires ont bien voulu nous donner.

Pour les cépages étrangers ou de l'est, du midi et du centre de la France, nous avons consulté les savants travaux de MM. le comte Odard, Pulliat, Champin, de Mortillet, Millardet, Olive, etc., etc.

—

DEUXIÈME PARTIE

VIGNES EUROPEENNES

Description des Cépages les plus connus
avec leur synonymie.

—

Cépages noirs de cuve de la Gironde et de la région du Sud-Ouest.

(Race des Vitis Vinifera)

—

(Autant que possible, les variétés sont décrites par ordre de mérite, c'est pour cela que nous avons renoncé à l'ordre alphabétique.)

Malbeck ou Malbec

Synonymes très nombreux : *Cot, Balouzat, Mauzac, Pied rouge, Pied de perdrix, Cahors, Noir de Pressac, Grappe rouge, Quercy; Teinturin, Noir doux*, (Blayais), *Gourdoux* (à Ludon, Macau), *Étranger* (à Léognan et sur la rive gauche de la Garonne), *Cot de Bordeaux* (dans l'Indre-et-Loire), *Hourcat* (sorte de Malbec).

Le meilleur des raisins noirs de cuve, très apprécié aussi pour la table ; ses feuilles sont moyennes, garnies inférieurement d'un duvet floconneux, sinus peu profond, denture courte finement acuminée ; grappes longues, ailées. Les grains ronds, noirs, juteux, sont bien écartés, chair un peu molle, très sucrée.— Maturité hâtive, très sujet à la coulure et au mildew, doit cependant être conservé dans les cultures, à cause de la qualité excellente de son vin. Le Malbec donne beaucoup malgré tous ces défauts ; réclame une taille longue. On le plantait beaucoup autrefois en sols secs, légers, maigres. Ce cépage est à bois tendre, aussi il supporte mal la submersion. Avec le greffage, nous avons obtenu une grande production, et nous trouvons qu'il est bien moins sujet à la coulure que cultivé franc de pied.

Merlot ou Merlau

Syn. : *Vitraille, Bigney, Picard* (à Beautiran) ; *Sémilion rouge* (on désignait ainsi autrefois le *Merlot* en Médoc); *Alicante* (à Podensac).

C'est un des plants les plus estimés, autant par l'abondance de sa production que pour la qualité de son produit. Maturité hâtive. — La grappe est ailée et les grains ronds d'un beau noir; chair juteuse, sucrée, bien relevée ; peau un peu mince, peu résistante. Le bois est gros et plein de vigueur: les feuilles sont amples, rugueuses, profondément découpées.

Le Merlot est très cultivé dans la Gironde et surtout en Médoc. On lui donne une taille longue.

Depuis quelques années, très sujet à la coulure et au mildew.

Cabernet Sauvignon

Syn. : *Carmenet ; Vidure Sauvignone* dans les Graves; *Bouchet* dans l'arrondissement de Libourne; *Petit Cabernet, Petite Parde* (à Beautiran).

Excellent cépage du Bordelais, cultivé un peu partout et avec raison depuis la propagation des vignes greffées.

Vigoureux et exigeant une taille longue, produisant passablement de magnifiques raisins dont le précieux jus donne un bouquet spécial au vin du Médoc. Peu sujet au mildew ; mais sensible à l'oïdium et à l'anthracnose. Ne diffère du Cabernet franc que par la feuille qui est d'un vert plus foncé et par ses sinus supérieurs et secondaires qui sont plus profonds. Les grappes de ces deux bonnes variétés se ressemblent. Cependant, le Cabernet Sauvignon donne un vin plus ferme, plus nerveux que celui du Cabernet franc. Les Cabernet sont la base de l'encépagement de tous les vignobles produisant des vins fins; dans certains grands crus du Médoc, on ne cultive même que ces deux variétés de Cabernet.

Cabernet Franc

Syn. : *Cabernet gris ; gros Cabernet ; grosse Vidure ; Carmenet ;
Carmenet blanc ; Grande Parde* (à Beautiran et à La Brède); *Bouschet* (à Saint-Émilion).

Très cultivé dans le Médoc, surtout dans le canton de Pauillac; vient
en terrain sec. — Feuille moyenne, à peu près aussi large que longue,
glabre et presque lisse ; grappe petite, peu serrée, un peu ailée, grain
petit; chair un peu ferme, juteuse, assez sucrée, un peu astringente,
relevée par une saveur spéciale très prononcée qui caractérise les Cabernet et les grands vins du Médoc qui en proviennent ; il fournit un
vin ferme, délicat, plein de finesse et de parfum agréable ; peau un
peu épaisse, bien résistante, noire; maturité de 2ᵉ époque. — Taille
longue. Tous les Cabernet sont à bois dur ; en terrain submergé, ils
supportent parfaitement la submersion, aussi les Cabernet sont très
beaux en palus.

Carmenère

Syn. : *Cabernelle, Grande Vidure* (vidure veut dire vigne dure).

Cet ancien et excellent cépage était autrefois très cultivé en Médoc,
à cause de la qualité exceptionnelle de son vin; avec le Cabernet franc
la Carmenère a servi à établir la réputation universelle des vins de
cette région. Sous prétexte que ce cépage n'était pas assez productif,
qu'il était aussi sujet à la coulure, on en avait abandonné la culture.
Après de nombreuses recherches, M. Jules Jadouin, de Cantenac, vient
de trouver la taille convenable à cette fertile variété : c'est la taille à
aste longue, avec incision annulaire au troisième ou au quatrième
bouton; de plus, il ne s'occupe chaque année que de la production d'un
seul bras ; l'année suivante, il le coupe pour faire porter le sarment placé de l'autre côté du cep. La Carmenère porte de longues
grappes aux grains serrés qui donnent un vin riche, plein, moelleux,
gagnant beaucoup avec l'âge, ayant du corps et une jolie couleur.
Souche très vigoureuse et venant dans le plus mauvais terrain et résistant assez bien aux attaques du mildew. Greffé sur Riparia, la production de cette variété est excessivement abondante.

Verdot petit

Syn. : *Petit Verdot, Verdot Bouton blanc, Carmelin.*

Cette variété est très estimée et cultivée à cause de ses qualités
dans les bons crus du Médoc et dans les palus de la Gironde. Le Petit

MALBEC

Verdot est préférable au Verdot Colon pour la qualité de son vin qui est très bon, qui a beaucoup de corps, un bouquet agréable et d'une bonne conservation.

Le Verdot exige un terrain riche, il est peu fertile en sol maigre; taille longue. Sa grappe est moyenne, ailée, peu serrée; chair ferme, juteuse, un peu relevée, maturité tardive. Le bois est tendre et a beaucoup de moelle; vient cependant très bien dans les sols submergés.

Il y a une autre variété de *Verdot* ou *Verdot rouge*, dont on a abandonné la culture dans les palus du Médoc; il est peu fertile, peu vigoureux et sujet à la coulure.

Verdot Colon

Syn. : *Gros Verdot.*

Cette vigne ressemble beaucoup au petit Verdot que nous avons décrit. Elle est beaucoup cultivée dans les palus de la Gironde où elle donne en abondance un vin d'un bouquet agréable et d'une bonne conservation, un peu plus mou, moins coloré que celui du Petit Verdot. Les grappes sont plus grosses et les grains plus gros que dans cette dernière variété, c'est en cela qu'elles diffèrent entre elles. Il faut à ces vignes un sol riche et une taille longue. Maturité tardive. Le raisin pourrit difficilement.

Jurançon

Syn. : *Nochant, Gros Grappu* (à Ambarès), *Arrivet.*

Cépage très cultivé dans les communes des environs de Bordeaux. — Très méritant, très fertile en tous terrains, vigoureux, un peu sujet à l'oïdium, voilà son seul défaut. Feuillage vert, rond, uni, peu découpé, grappe très serrée, moyenne comme longueur, grain moyen, chair juteuse, douce, produit un bon vin rouge. — Ce cépage greffé donne abondamment et doit être propagé; c'est une de nos meilleures variétés. — Maturité hâtive, taille longue.

Mansenc ou Mansin

Syn. : *Tarney, Coulant, Coulon-Timbré, Petit Fou*

Originaire des Pyrénées. — Vigne très appréciée dans les plaines et les coteaux des environs de Bordeaux, à cause de sa grande production. Feuille moyenne, glabre, garnie inférieurement d'un duvet aranéeux;

5

denture étroite, peu profonde, grappe moyenne, un peu ailée, serrée ; chair juteuse, à saveur simple bien relevée, un peu âpre, grain moyen d'un noir rougeâtre, maturité de 3° époque (tardive). Ce cépage donne un vin noir, nerveux, apprécié. Le Mansenc exige une taille longue.

Mansenc Colon

Syn. : *Gros Coulon, Prunelas* (dans le Lot-et-Garonne), *Balouzat* (à Beautiran).

Plus fertile que le Mansenc ordinaire, plus vigoureux ; aime un terrain sablonneux, riche et profond. Le Mansenc exige une taille longue. Feuilles jaunâtres, denture étroite, grappe longue, ailée ; grain gros, chair douce, juteuse; maturité tardive; vin noir bon, nerveux. Les Mansenc sont des cépages à bois dur et supportant parfaitement la submersion.

Castets

Syn. : *Nicouleau.*

Trouvé près de Saint-Macaire et propagé par M. Castets, est, dit-on, originaire des Pyrénées. Vigne robuste, débourrant tardivement, ce qui la met à l'abri des gelées printanières, et mûrissant cependant de bonne heure; produit en assez grande abondance un vin fin noir. Ce cépage coule peu et résiste bien au mildew. S'adapte admirablement aux meilleurs porte-greffes américains ; feuille grande, profondément lobée, d'un vert un peu foncé, garnie inférieurement d'un duvet lanugineux; grappe grosse, cylindro-conique, ailée, serrée; chair un peu ferme. juteuse et sucrée, peau épaisse. Maturité de 2ᵉ époque, demi-hâtive. Taille longue.

Béquignol

Syn. : *Béquignaou, Fer* (en Palus), *Bouton Blanc* (rive gauche, La Brède, Beautiran), *Cahors* (dans le Blayais), *Chalosse noire* (dans le Bas-Médoc).

Vigne rustique très régulière dans sa production qui est abondante ; peu attaquée par les maladies cryptogamiques ; feuille moyenne presque aussi large que longue, un peu sinuée, grappe moyenne légèrement ailée, serrée, grain gros ellipsoïde; chair un peu ferme, juteuse, sucrée, relevée ; peau épaisse d'un noir foncé à la maturité qui est hâtive, surtout si ce cépage est greffé. — Cette variété est recommandable, car elle vient en tout terrain et donne beaucoup; son vin est mou. Le Béquignol exige une taille longue.

Gros Grappu

Syn. : *Prolongeau* (dans le Blayais), *Gros de Judith, Bouchalès* ou *Boucharès* (à Quinsac et dans la Haute-Garonne).

Très cultivé dans la Dordogne et la Gironde, produit énormément. Cette vigne est vigoureuse et régulière dans sa fertilité, exige une taille très longue et un sol chaud et riche pour bien mûrir ses fruits, qui sont très nombreux et très serrés sur le cep ; ils sont très sujets au grillage.

Feuille grande, plus longue que large, avec duvet lanugineux ; grappe grosse, ailée, grain gros, chair un peu molle, assez sucrée, relevée ; peau un peu épaisse, peu résistante, d'un noir foncé ; maturité très tardive, c'est le grand défaut de ce cépage qui, sur nos coteaux de la Gironde, produit, quoi qu'on en dise, un bon vin très corsé. Dans les pays du Sud-Ouest où on recherche la grande production, on propagera avec succès cette excellente et très fertile variété.

Pignon

Syn. : *Sauvignon noir, Boutignon, Gros et Petit Tripet, Courbois, Parde* (dans les Graves).

Ce cépage est cultivé dans les palus du Médoc ; les feuilles ressemblent au Fer ou Béquignol, et les grappes à celles du Cabernet Sauvignon; les grains sont très serrés ; produit abondamment un vin mou.

Nanot

Syn. : *Noschamps* (dans certains endroits).

Cépage de moyenne vigueur, très fertile, peu difficile sur le choix du terrain; grappes longues, grains gros, chair juteuse, peau épaisse; mûrit très tardivement, donne en abondance un vin pâle, assez alcoolisé.

Dans les terres chaudes, en coteau, on propagera avec succès le Nanot, qui se plaît beaucoup dans les graves sèches, bien ensoleillées; il préfère une taille courte.

Machouquet ou Pigue

Syn. : *Massoutet* ou *Massouquet*, *Auvernat*, *Pineau* (en Bourgogne)

Vigne très fertile, vigoureuse, des palus du Médoc; vient bien sur nos coteaux de l'Entre-deux-Mers, où elle produit régulièrement; grappe courte, serrée; grain petit; chair juteuse, douce; produit un vin estimé peu coloré. Taille longue. Maturité demi-hâtive.

Saint-Macaire

Syn. : *Bouton blanc* (dans certains endroits).

Cépage très productif, grosse grappe, gros grain; produit un vin très noir, assez estimé. Le raisin est un peu sujet à la coulure. Il faut le placer dans les plaines fraîches, dans les endroits les plus bas des palus et choisir les terres les plus légères. Ne planter que le Saint-Macaire à larges feuilles et rejeter celui qui a les feuilles frisées.

Mérille (Grosse Mérille)

Syn. : *Grand Noir* (Gers), *Périgord*, *Saint-Rabier*, *Goubiat* (Lot-et-Garonne).

Gros cépage très productif, grains gros, longs, grappes longues; chair un peu ferme, juteuse, un peu astringente, assez sucrée; peau épaisse résistante, d'un noir foncé à la maturité de 3e époque (tardive).
Cette vigne exige un bon sol frais, une taille demi-longue; produit abondamment un vin léger peu coloré, de qualité inférieure.

Quillar noir

Syn. : *Plant-de-Dame*, *Sans-Pareil*.

Cépage très cultivé dans le Lot et le Lot-et-Garonne, d'une production abondante et régulière, à sarments érigés, vient en tous terrains; feuille découpée, large; grappes assez longues; grains petits, moyens, serrés, chair juteuse; produit un vin pâle en couleur, mais nerveux.— Taille courte. Nous conseillons la propagation de cette excellente et abondante variété.

Folle noire

Syn. : *Enrageat rouge*

Vigne très vigoureuse, très productive, très rustique, cultivée dans la partie de la Gironde que l'on appelle Entre-deux-Mers; produit un vin léger mais abondant; feuille petite, cotonneuse; denture peu large et peu profonde, grappe moyenne et peu ailée, sur un pédoncule assez fort mais court; grains assez gros, chair un peu ferme, assez sucrée, juteuse, astringente. Peau épaisse d'un noir rougeâtre ; maturité de 3e époque (tardive).

Prunelas-Pruneley

Syn. : *Bondalès* (dans les Pyrénées-Orientales), *Cinsaut* (Hérault), *Œillade* ou *Ulliade*, *Marocain* (dans les Charentes), *Morterille* (dans la Haute-Garonne), *Picardan noir* (Var).

Gros cépage, cultivé en terrain argileux calcaire avec un certain succès, car il est très abondant; ne produit qu'un vin léger et peu coloré ; grappe longue, chair juteuse, croquante, grosse, assez sucrée ; grain ovoïde; gros; peau violacée, ferme. Ce raisin est de longue garde; taille courte. Le Prunelas ou le Cinsaut est expédié du midi en quantité sur le marché de Paris où il se vend très bien. Ses grains, à peau épaisse, supportent très bien les expéditions.

Cépages à vin blanc de la Gironde et de la région du Sud-Ouest.

Sauvignon (jaune, blanc)

Syn. : *Surin, Fié* (en Poitou), *Blanc-fumé, Douce-Blanche* ou *Blanc-Doux, Sarvonien* (Bourgogne).

Vigne vigoureuse à sarments érigés, fertile; produisant nos grands vins inimitables de Sauternes ; se plaît dans un sol argilo-caillouteux léger.

Feuille moyenne, à la denture large, acuminée ; grappe petite, serrée, grain moyen un peu ovale ; chair assez ferme, juteuse, bien sucrée et relevée par une saveur bien parfumée. Aussi le Sauvignon est un excellent raisin de table ; peau assez épaisse, peu résistante, d'un blanc verdâtre qui se dore à la maturité qui est tardive. — Taille courte.

Sémilion blanc

Syn. : *Colombar, Chevrier* (Dordogne).

Excellent et vigoureux cépage, très cultivé dans les cantons de Cadillac, Podensac, Langon et Saint-Macaire, donne aux vins de Sauternes et de Barsac leur force alcoolique, leur belle couleur dorée, leur limpidité, la finesse, la saveur, l'onctuosité et le moelleux. Cette vigne est très vigoureuse et très fertile, réussit en terrain argileux fort comme en sol argilo-caillouteux; réclame une taille courte. La grappe est assez longue, peu serrée, le pédoncule est long et fort, son grain est moyen, sa chair est un peu ferme, un peu filandreuse, juteuse et très sucrée avec un goût très fin. — Maturité assez tardive. Le raisin de Sémilion se conserve l'hiver, et peut être servi comme raisin de table. Il y a deux variétés de Sémilion, le *blanc* et le *roux* ; le premier a plus de chair, le second plus de suc et de finesse.

Muscadelle

Syn. : *Raisinotte, Muscat doux, Guillan musqué, Guillan doux, Muscade, Catape, Blanc Cadillac.*

Ces raisins très allongés, à grains ronds peu serrés, de couleur ambrée, ont un goût musqué très doux et très sucré, produisent un excellent vin, doux et capiteux en même temps. — Cette vigne est rustique et vigoureuse, à sarments érigés, très fertile; feuillage vert clair; maturité tardive; taille courte.

Dans les grands crus de vin blanc, on cultive le Sémilion, le Sauvignon et quelquefois en petite quantité la Muscadelle. Cette variété a le défaut d'être très attaquée par les abeilles qui vident la graine.

Folle blanche

Syn. : *Enrageat blanc* (dans la Gironde), *Plant-de-Dame* (dans le Condomois), *Pique-Poul* (dans le Gers ou l'Armagnac), *Bouillon*, (dans le Bas-Limousin), *Grais* (à Gensac), *Damery* (Chablis), *Gros-Plant* (Loire-Inférieure).

Avant le phylloxéra cette vigne était très rustique, à sarments érigés et très vigoureuse, venait dans les terrains calcaires et marneux où elle portait beaucoup de raisins, fournissait en abondance un vin blanc très alcoolique assez estimé et d'où on extrayait les fameuses eaux-de-vie de Cognac.

Le bourgeonnement de cette vigne est précoce, aussi elle souffre souvent des gelées printanières. Comme beaucoup de plants très fertiles, elle exige une taille courte ; feuille moyenne, garnie en dessous d'un duvet blanchâtre. Grappe grosse, pas bien longue, sur un pédoncule assez fort ; grains moyens, même gros, chair molle, juteuse, sucrée ; peau épaisse, verdâtre, jaune dorée à la maturité qui est tardive.

Muscat (blanc commun)

Syn. : *Frontignan.*

Ce cépage cultivé dans tous les pays vinicoles, est d'un goût délicieux et fournit un bon vin. Grappe moyenne, presque cylindrique, rarement ailée, serrée; grains moyens, chair juteuse, sucrée, hautement relevée par une saveur musquée; peau épaisse, ferme, devenant d'un jaune doré à la maturité qui est tardive. Cette vigne se plaît dans un sol maigre, caillouteux, exige une taille courte. Ce raisin est aussi très cultivé pour la table.

Verdot (blanc)

Cépage très vigoureux, très fertile, d'une production abondante et régulière, peu difficile sur le choix du terrain ; grappe courte, grains petits, juteux, chair croquante, sucrée; peau mince d'un vert jaunâtre. Maturité tardive. Produit un vin alcoolique. Ce raisin peut se conserver longtemps. Taille courte.

Chalosse

Syn. : *Saint-Emilion, Menu-Blanc, Prueras.*

Cette vigne est très fertile et très recherchée à cause de son débourrement tardif qui la met à l'abri des gelées printanières; était cultivée surtout en plaines avant le phylloxéra. Sa grappe est belle, bien pourvue de grains assez gros, oblongs, peu serrés, de couleur jaune d'or. La qualité du vin est médiocre, aussi on l'emploie surtout pour fabriquer l'eau-de-vie. Taille courte.

Pelgarie ou Pelgrie

Ce cépage très vigoureux et très productif est beaucoup cultivé dans la Benauge. Il donne en abondance un vin blanc léger qu'on mélange avec succès avec la Folle blanche. Feuille d'un vert pâle, découpée. Grappe longue à grains écartés, petits; chair juteuse, douce, fade. Maturité tardive. Taille courte.

Le Chatar

Syn. : *Blanc d'Aouba*

Vigne vigoureuse à fruits blancs de la Benauge. Ce cépage est très rustique et très productif, il supporte une longue taille et réussit en tous terrains. La feuille est large, découpée en forme de lance; les raisins sont très longs, un peu ailés, gros; les grains sont moyens, bien dorés à la maturité qui est assez hâtive. Chair juteuse, acide; produit en abondance un vin fort alcoolique.

Quillar blanc

Syn. : *Plant-de-Dame blanc, Sans-Pareil, Jurançon blanc* (dans le Lot-et-Garonne, le Gers et les Basses-Pyrénées), *Brachet, Bouteillan.*

Cépage assez fertile, produisant de petits raisins serrés, qui se conservent longtemps; grains moyens, globuleux ; chair molle, juteuse, à saveur douce; peau épaisse, passant du vert pâle au jaune doré, à la maturité qui est un peu tardive.

Cépages de cuve de la région de l'Est et du Centre

Gamay

Syn. : *Bourguinon noir gros* ou *Gros Bourguignon, Plant Picard.*

Originaire de Gamay, localité voisine de Beaune ; fruit noir moyen, un peu ellipsoïde; grappe serrée, légèrement cylindrique et un peu

MERLOT

serrée; grain moyen, chair molle, juteuse, sucrée. Maturité hâtive. Produit un vin très fin et d'une grande valeur dans le Beaujolais et la Bourgogne. Débourrement précoce. Les Gamay se prêtent à la taille courte et n'ont besoin d'aucun soutien.

Il y a beaucoup de variétés de Gamay. Le *Gamay de Magny* est préférable au précédent, parce qu'il répare facilement par un nouveau bourgeonnement, les pertes que lui occasionnent les gelées; vin de très bonne qualité. — Le *Gamay de Thomas*, vigne à forte végétation, feuille peu sujette au mildew. Ce cépage est surtout précieux pour les pays froids, à cause de sa résistance aux gelées les plus intenses.

Plant de Bouze, Gamay-Teinturier

Cépage moyennement vigoureux, excessivement productif; devra, comme tous les Gamay, être défendu contre le mildew; grappe moyenne, serrée, grain moyen, noir, rond, jus franchement coloré en rouge clair; maturité précoce, de première saison. Vin bien coloré, peu alcoolique, qu'il faudra soutenir par celui d'un plant plus généreux. Le *Plant de Bouze* est évidemment un hybride de Teinturier et de Gamay. Le *Gamay Teinturier* pousse en tous climats, surtout en terrains frais et légers; le grain est gros. Ce cépage est abondant, il faut le mélanger avec d'autres variétés. Le vin de Gamay peut être consommé de suite après la cuvaison.

Durif

Syn. : *Pineau de l'Ermitage*

Originaire de l'Isère; grappe très grosse, serrée, grain moyen rond, jus très coloré et sucré. Maturité moyenne. Ce cépage est très fertile et très abondant, excellent pour la cuve. Il se prête à la taille courte et à celle à long bois.

Corbeau

Syn. : *Plant de Montmélian*, Gros noir, *Grenoblois*.

Cépage du Lyonnais, très hâtif et très fertile dans la Gironde; feuille grande, presque orbiculaire; grappe grosse, cylindro-conique, un peu serrée; grain moyen, globuleux, chair molle, douce, presque fade; peau assez résistante, d'un noir foncé à la maturité qui est hâtive. Ce cépage supporte la taille longue.

Etraire de l'Adhuy

Syn. : *Persan, Bâtarde.*

Cépage très vigoureux, bien fertile, a la taille courte et a la taille longue suivant la qualité du terrain ; d'une résistance relative au phylloxéra, mais assez grande contre le mildew, très rustique, réussit dans les plus mauvais sols, taillé à souche basse. Dans de bons terrains, cette vigne prend un grand développement. Dans le Bordelais, elle produira de bonne heure. Les grappes sont volumineuses, allongées, les grains noirs gros, ovoïdes, bien juteux; produit un vin clair et astringent, mais solide et susceptible de s'améliorer en vieillissant.

La résistance au phylloxera de l'Etraire de l'Adhuy sera d'autant plus accentuée qu'elle aura été plantée dans un meilleur terrain et à un plus grand espacement.

Pineau noir ou Pinot

Syn.: *Noirien, Morillon noir, Franc Pineau, Auvernat, Savagnin.*

Cette vigne, très cultivée en Bourgogne, donne à ses vins si estimés leur finesse et leur saveur avec la force alcoolique. Ce cépage n'est pas très fertile; grappe petite, cylindrique; grain petit, sphérique; chair juteuse, sucrée, bien relevée; peau épaisse. Maturité hâtive. Taille courte.

Le Pineau noir peut être considéré comme le type de la nombreuse tribu qui porte son nom. Suivant le terrain, ce cépage excellent varie comme qualité de vin ; c'est ainsi que le *Pineau noir* dit *Corton* produit ce vin si estimé.

Syrha de l'Ermitage

Syn.: *Petite Syrha, Sérine Marsanne noir, Plant de la Biaune* (Loire).

La bonne qualité du vin produit par ce cépage a décidé plusieurs propriétaires de la Gironde à l'introduire dans leur vignoble. Cette vigne a le défaut d'être peu productive. Les feuilles sont grandes, un peu cotonneuse au-dessus, les raisins sont cylindriques, les grains noirs allongés, peu serrés; chair un peu ferme, juteuse, sucrée, bien colorée; peau fine, assez résistante. Maturité de 2e époque, c'est-à-dire demi-hâtive. Taille courte ou demi-longue.

Mondeuse de Savoie

Syn.: *Persagne, Gros-Plant.*

Cépage très fertile, produisant un vin très coloré, et il vieillit avec profit pour la qualité. Grappe grosse, longue et ailée; grain moyen; chair un peu molle, assez sucrée, un peu astringente; peau épaisse, peu résistante, noir violacé à la maturité qui est un peu tardive.

Cette variété est très résistante aux gelées et à la coulure, et porte annuellement de très abondantes récoltes.

Morillon noir hâtif

Syn.: *Plant de Juillet, Précoce de Paris.*

Cépage approprié au climat du Nord, vient bien contre les murs, très fertile, hâtif, produit un petit vin. Demande une longue taille.

Plant vert doré

Syn.: *Plant de Champagne.*

C'est le Pineau franc blanc et noir, qui sert à faire le vin de Champagne. Cépage très bon, hâtif; exige une longue taille.

Poulsart ou Pulsart noir

Syn.: *Plant d'Arbois* (dans le Doubs), *Mècle* (dans l'Ain).

Plant vigoureux et sain, feuilles petites et aiguës, grappe moyenne; grain moyen, violet foncé, à peau fine, très agréable au goût; vin exquis, et l'un des meilleurs que donnent nos plants français ; demande un terrain riche et la taille un peu longue.

Meunier

Syn.: *Pineau-Meunier, Morillon taconné, Néron.*

Cépage hâtif, fertile; feuilles très duvetées, grappe petite, cylindrique, arrondie, assez serrée; chair un peu ferme, juteuse, assez sucrée; produit un très bon vin en côtes. Cette vigne est très résistante à la gelée.

Enfariné du Jura

Cépage cultivé dans le vignoble d'Arbois-de-Salins et de Poligny, très fertile, réussissant dans tous les sols et à toutes les expositions. Grappe moyenne, cylindrique, arrondie, assez serrée; grain moyen, chair un peu molle, juteuse, à saveur acerbe, astringente. Le vin qu'il produit a de l'âpreté les premières années, mais il acquiert en vieillissant un bouquet agréable et une saveur délicate.

Cette vigne doit être taillée à long bois et bien *échalassée* pour soutenir le poids de ses nombreux raisins. Ce plant, à cause de ses qualités tannifères, devrait être propagé; il soutient la vendange des plants communs, leur donne de la force alcoolique et de la couleur.

Cépages de cuve noirs de la région du Midi

Hybrides de Bouschet à jus rouge, qu'on peut cultiver dans la Gironde.

(Les Hybrides de Bouschet que nous allons décrire sont très recommandables pour notre région pour la production des vins ordinaires ; ils débourrent tard et mûrissent de bonne heure. Ils sont doués d'une grande fertilité et d'une coloration intense qui doit les faire rechercher.)

Alicante Bouschet (extra fertile)

Belle végétation, ne coule pas, est peu sujet au mildew. Production étonnante de gros raisins noirs; vin d'un très beau rouge grenat, pesant 10 à 11 degrés; grappes grosses, longues, ailées; chair ferme, juteuse, peau dure; maturité hâtive.

Cette variété qui est rustique doit être propagée. Taille courte.

Alicante Henri Bouschet

Syn.: *Alicante Bouschet, n° 2.*

Grande production, gros grains, belle végétation exempte du mildew; n'est pas sujet à la coulure; sa maturité est précoce, produit un

CABERNET SAUVIGNON

beau vin rouge grenat qui pèse, suivant les années, 11 à 12°; c'est
meilleure obtention de M. Bouschet de Bernard. Cette vigne est
essivement vigoureuse. Les sarments sont allongés et rampants,
mérithalles courts, les bourgeons gros et pointus ; le feuillage est
sant et d'un vert foncé au-dessus, au-dessous il est plus clair
presque blanchâtre; chaque sarment porte trois à quatre belles
ppes très grosses, très longues, ailées et à beaux grains ronds et
rs; jus abondant et très coloré. Maturité hâtive. Il se plaît bien en
lle courte.

Aspiran Bouschet

Souche très vigoureuse et très fertile si on lui donne la taille lon-
e ; débourrement assez tardif, grappe longue simple et lâche; grain
sez gros, pruiné, ellipsoïde ; pulpe à saveur sucrée, fine et très
réable ; jus abondant et brillant, le plus coloré de tous les hybri-
s de Bouschet; maturité assez hâtive; vin délicat et fin, très alcoo-
que, d'une coloration intense.

Petit Bouschet (extra fertile)

Semis de la première hybridation de M. Bouschet de Bernard, qui
ait issue du mariage de l'Aramon avec le Teinturier du Cher ;
rande production; vin très coloré, pesant de 7 à 8 degrés, d'un très
eau rouge. Son débourrement est tardif. Maturité demi-hâtive. La
uille se teinte d'un rouge sanguin au moment où le raisin commence
mûrir, Taille courte, forme quenouille.
C'est du Petit Bouschet que sont sorties toutes les variétés appe-
ées « Hybrides de Bouschet », par croisements, hybridations, ou
emis.

Terret Bouschet

C'est un des meilleurs hybrides de Bouschet ; débourre tard, d'une
tonnante fertilité, porte des quantités de raisins et fournit un vin
à jus rouge, pesant environ 9 degrés d'alcool, presque aussi foncé que
elui de l'Alicante Bouschet; n'est pas d'un goût très agréable.
Les feuilles sont moyennes, allongées et d'un beau vert foncé au-
dessus, les grappes sont grosses, coniques, à gros grains et à jus très
abondant. Maturité tardive. Cette variété est vigoureuse, à bois étalé,
se prête à une taille longue; c'est pour notre région un cépage à propager, mais il faut le greffer, comme du reste tous les hybrides de
Bouschet.

Grand noir de la Calmette

Hybride de l'Aramon et de Petit Bouschet, produit très abondamment de beaux raisins et un beau vin rouge; cette variété très vigoureuse et fertile, est sujette au mildew dans notre région; elle débourre bien tard, porte des grappes assez grosses, coniques; grain moyen, rond, à jus, d'un rouge vineux assez prononcé, moins que celui du Petit Bouschet, mais plus alcoolique que celui de ce dernier. Maturité assez tardive dans le Bordelais. Le Grand Noir mérite d'être essayé. Port semi-érigé.

Œillade Bouschet du 1er août

C'est, avec le Muscat Bouschet, le plus précoce des hybrides de Bouschet. Grande vigueur, très fertile, débourre tardivement; la grappe est moyenne, très lâche, grain gros, ovoïde, la chair demi-croquante, le jus abondant et très doux. Ce raisin de table pourrait également être essayé pour la cuve, dans les contrées relativement froides et élevées.

Carignane Bouschet

Très fertile, produit autant, sinon plus, que la Carignane ordinaire. Bois très cassant, grappe grosse, allongée, tassée; grain moyen, sphérique, jus rouge vif. Maturité hâtive; vin assez faible en alcool.

Morastel Bouschet à gros grains

Souche vigoureuse, très productive, mais très sujette au mildew ; grappe assez forte, un peu lâche ; grain assez gros, globuleux; vin coloré en rouge peu foncé; maturité hâtive.

N. B. — *Il y a d'autres hybrides de Bouschet qui encore n'ont pas fait leurs preuves, et qui ne nous semblent pas devoir intéresser notre région du Sud-Ouest.*

Portugais bleu (Blauer Portugieser)

Ce cépage a été introduit dans le Beaujolais en grande culture par M. Pulliat; il est très précoce et très productif, il craint les terres argileuses, les terres humides et fraîches; il lui faut les coteaux, et de préférence les terrains calcaires et siliceux ; très sujet à l'anthracnose, il redoute peu le mildew.

Le Portugais bleu se cultive dans toute l'Allemagne comme raisin à vin, mais surtout aux environs de Vienne, en Autriche. Partout il est recherché comme excellent raisin précoce de table ; grappe moyenne, ailée, compacte, grains moyens; chair peu ferme, bien **juteuse**, bien sucrée, à saveur douce et agréable; peau un peu **mince**, bien résistante, d'un beau noir bleuâtre. M. de Rovensenda dit : qu'il est utile de laisser grimper cette vigne sur des arbres ou de lui donner de hauts échalas. Du reste, suivant la nature du terrain, il faut lui donner une taille courte ou longue. Nous avons pu apprécier le vin de cette variété récolté dans la Gironde ; il possédait une grande finesse et une bonne couleur.

Nocéra de Catane

Originaire de la Sicile.

Ce cépage a été, il y a quelques années, très prôné pour notre région où il devait faire merveille. Nous ne nous en sommes pas aperçus car il n'est pas très vigoureux, quoique assez productif. Feuille moyenne, ronde, dentée, finement acuminée, garnie en dessous d'un duvet blanchâtre. Grappe grosse, trapue, ailée, serrée; grains moyens. Chair un peu molle, sucrée. Peau épaisse, bien résistante, d'un noir bleuâtre. Maturité tardive. Cette vigne exige un sol riche et une taille courte.

Beni Carlo ou Trop Fertile

Grappe énorme, ailée, serrée ; grains très gros, ronds, noirs. Maturité tardive, fertilité excessive; excellent raisin de cuve, très cultivé dans le département de l'Hérault.

Cépages de cuve noirs cultivés seulement dans la région du Midi.

Aramon

Syn. : *Plant riche* (Gard, Hérault), *Ugni noir* (Var, Bouches-du-Rhône), *Revallaire* (Haute-Garonne).

C'est le raisin de cuve le plus productif de la région du midi de la France, mais produit un vin léger et peu coloré. Feuille d'un vert jaunâtre. Ses grappes sont allongées, grosses, garnies d'énormes grains noirs bien ronds et écartés. Ce cépage mûrit mal dans notre région et cette vigne est souvent éprouvée par les gelées printanières. Taille courte.

Bobal

Cépage espagnol introduit depuis peu en France. Grappes énormes et gros grains serrés, chair un peu pulpeuse, jus abondant. Recommandable pour sa remarquable fertilité, l'excellente qualité de son vin et aussi pour son débourrement tardif. Maturité tardive, ce qui en fait une variété qu'on ne peut cultiver que dans les régions méridionales.

Carignane

Syn. : *Bois dur* (dans l'Hérault), *Monastel* (dans le Var).

Souche forte et vigoureuse, grappe grosse, grain légèrement allongé, noir, maturité tardive. Assez sujet aux maladies cryptogamiques ; malgré ce léger défaut, c'est un des cépages les plus précieux pour l'Hérault, la Provence et le Languedoc, par suite de l'abondance de sa production et de l'excellente qualité de son vin. Son débourrement tardif le met à l'abri des gelées.

Morastel

Syn. : *Mourastel noir* (midi de la France), *Monastel* (Haute-Garonne).

Cépage fertile et rustique, excellent raisin de cuve; grappe assez grosse, cylindro-conique, ailée. Grains serrés, petits, noirs, sphériques,

JURANÇON NOIR
(Isère)

âpres et peu agréables à manger; maturité tardive. Le Morastel donne un très bon vin noir, riche en alcool, débourre tard, est peu sujet à la coulure, très répandu et très estimé dans la Haute-Garonne. Taille courte.

Mourvèdre

Syn. : *Espar, Mourvèdre, Balzac* (dans les Charentes), *Mataro* (dans les Pyrénées-Orientales).

Un des cépages les plus répandus dans le midi de la France ; il est très fertile et donne un vin riche en tannin, coloré et beau. Son débourrement tardif le met à l'abri des gelées printanières; assez résistant aux maladies cryptogamiques; grappe cylindro-conique, ailée le plus souvent, serrée sur un pédoncule fort et court; grain moyen, globuleux; chair un peu ferme, juteuse, mais astringente. Maturité tardive. Taille courte, peau épaisse et noire.

Grenache noir (ou Alicante)

Le Grenache noir ou Alicante d'Espagne est un excellent cépage très estimé dans les départements du midi de la France. Il est très vigoureux, produit beaucoup de magnifiques raisins doux qui donnent un vin de liqueur agréable, moelleux et alcoolique; grappe grosse, serrée, ailée; grain moyen, d'un noir peu foncé, à peau fine; chair un peu molle, bien sucrée; débourrement tardif, très fertile.

C'est le Grenache qui a fait en grande partie la réputation des vins de liqueur du Roussillon.

Cépages blancs du Midi et de la région de l'Est pour faire du vin

Clairette dorée blanche

Syn.: *Blanquette.*

Plant vigoureux, très répandu dans le midi de la France. Grappe moyenne, sensiblement ailée, peu serrée; grain moyen, olivoïde; réussit

6

très bien dans les expositions chaudes, donne du vin blanc mousseux et de longue conservation ; excellent raisin pour la table et la cuve. Les raisins se conservent toute l'année, sains et bien parfumés.

Pineau ou Pinot blanc

Syn.: *Noirien blanc, Morillon blanc, Auxerrois blanc.*

Grappe petite, arrondie, courte, assez compacte; grain petit, globuleux; chair assez ferme, juteuse, bien relevée; peau un peu mince. Ce cépage prend sa qualité suivant sol et climat; vin très fin, si la vigne est vieille et en bonne exposition; taille longue ; on doit surtout planter cette variété qui est excellente, en côte. Maturité de 2e époque. C'est ce cépage qui fournit les grands vins blancs de Bourgogne, de Chablis et de Montrachet.

Marsanne blanche

Souche vigoureuse et fertile, grappe moyenne, un peu lâche, grains moyens, blancs; chair fondante, juteuse et bien sucrée; maturité tardive. La Marsanne entre dans la préparation des vins de l'Ermitage; elle est aussi estimée dans la Drôme, où elle est bien productive.

Columbaud

Syn. : *Aubier* (dans le Var).

Vigne vigoureuse, sarment gros, feuille moyenne, à sinus presque fermé, grappe moyenne, ailée et serrée; grain gros, d'un blanc verdâtre, agréable à manger; produit un vin blanc sec, prenant du bouquet en vieillissant.

Viognier

Vigne cultivée dans le Rhône et entrant dans la composition des vins blancs de Côte-Rôtie. Grappe moyenne, un peu allongée, grain moyen, globuleux; chair molle, très juteuse, fine et bien relevée; peau fine d'un beau jaune doré à la maturité de 2e époque.

Meslier

Variété du Nord-Est, très hâtive, exige une taille longue. Maturité précoce; produit un vin blanc sucré.

Raisins de Table

Chasselas de Fontainebleau

Syn. : *Chasselas doré, Chasselas de Thomery.*

Grappes grosses, allongées, inégalement ailées. Fruit blanc doré du côté du soleil, très bon. Grains gros ou moyens mélangés, à pédicelles courts et gros. Chair juteuse, croquante, succulente, sucrée, très agréable. Maturité précoce. Vigne très fertile, exige une taille longue.

Chasselas de Bordeaux

Syn. : *Doré.*

Ce Chasselas a le même caractère que le Chasselas doré d'où il est sorti, sous l'influence du climat ou du terrain; il a les graines plus serrées que le Chasselas de Fontainebleau. Très cultivé dans notre région où il s'en fait un grand commerce. Maturité précoce. Taille longue.

Chasselas Napoléon

Syn. : *Chasselas d'Alger* (d'après le comte Odard, porte le nom de *Bicane*).

Très grande végétation, bois gros, court et noué; grappe très belle, très longue, ailée; grains gros, globuleux. Peau un peu épaisse, d'un beau jaune doré; maturité hâtive. Variété très recommandable pour sa beauté, sa qualité, mais a le défaut d'être très sujette à la coulure. Exige une taille très longue, car ce cépage est doué d'une grande végétation.

Chasselas rose

Syn. : *Chasselas rose royal du Pô.*

Vigne très productive, d'une vigueur modérée, ne se teinte de rose qu'au moment de mûrir, ce qui le distingue du violet qui prend cette dernière teinte aussitôt qu'il a passé fleur: grappe moyenne, un peu allongée, légèrement ailée; grains moyens, ronds. Chair croquante, succulente, parfum des plus agréables; fruit très bon, maturité demi-hâtive. Même culture que le Chasselas doré dont il n'est qu'une variation.

Chasselas Fendant rose

Fruit d'un beau rose, d'une bonne qualité, d'une bonne conservation. Son cep n'est pas très vigoureux, mais est fertile et régulier dans sa production.

Chasselas de Falloux

Syn. : *Chasselas rose de Falloux.*

Cep de moyenne vigueur, très fertile; grappe assez grosse, cylindro-conique, ailée, peu serrée; grain assez gros, à peu près sphérique; peau fine, assez tendre, jaunâtre, recouverte de rose clair à l'insolation ; chair blanche, croquante, juteuse, sucrée, relevée; fruit très bon. Maturité **hâtive.**

Chasselas des Bouches-du-Rhône

Variété obtenue par M. Besson de Marseille. Grande grappe, grains gros, ronds, très doux, d'excellente qualité. Mûrit d'assez bonne heure.

Sauvignon rose

Grappe petite, peu serrée, pyramidale tronquée. Grain plus gros que dans le Sauvignon blanc qui est aussi un excellent raisin de table. Dans le Sauvignon rose, les grains sont d'un rose délicat très riche en couleur ; chair excellente. Son jus mélangé dans la vendange rouge ou blanche, y apporte, avec un degré d'alcool élevé, un bouquet estimé. Maturité milieu de septembre. Cep de vigueur modérée, fertile même en vigne basse.

Madeleine blanche

Syn.: *Raisin de Juillet.*

Vigne peu fertile et peu vigoureuse. Grains gros, ovoïdes, passant au jaune à complète maturité qui est hâtive. Chair juteuse, sucrée. Peau épaisse, résistante. Taille longue suivant le terrain.

Rosaky

Très répandu dans les vignobles de Smyrne. Cep vigoureux et fertile, grappe très longue, grosse, lâche; grain gros, ovoïde, d'un jaune doré, ferme, à peau épaisse; chair croquante, assez fondante, sucrée, parfumée; fruit très bon. Un des meilleurs raisins de table. Cette variété se cultive en treille et en gobelet; autant que possible il faut la placer à une exposition très chaude. Maturité de 2e époque.

Duc de Malakoff

Obtenu par M. Moreau Robert, d'Angers, vers 1864. Cep peu vigoureux, surtout dans les premières années, assez fertile; excellent raisin de table, de toute première qualité. Remarquable par la beauté de ses grappes et de ses grains; peau fine et néanmoins ferme, d'un blanc légèrement doré; chair agréablement croquante, sucrée; fruit très bon se conservant longtemps sur le cep.

Muscat (blanc commun)

Syn. : *Frontignan.*

Que nous avons décrit dans les variétés à vins blancs. Excellent raisin blanc de table; grappe moyenne, cylindrique et peu rameuse; grain moyen, rond, ambré du côté du soleil, très parfumé; assez fertile. Maturité moyenne.

Musqué Talabot

Syn. : *Muscat.*

Obtenu en 1861 par M. Antoine Besson, de Marseille, qui a livré au commerce de si nombreuses et de si excellentes variétés de raisins de table.

Vigne très fertile et très vigoureuse, sarment d'un rouge foncé; feuille petite, très découpée; cette variété demande une taille courte; la grappe est allongée, ailée, peu serrée; grains assez gros, ovoïdes; peau d'un blanc ambré; chair fondante, bien sucrée, juteuse, musquée; fruit très bon; maturité demi-hâtive. Adopté par le Congrès.

Muscat noir

Syn. : *Black Frontignan.*

Cep vigoureux et fertile. Cette variété demande une taille demi-longue et un sol sec pour donner de bons produits et pour bien mûrir ses fruits. Grappe moyenne allongée, presque cylindrique, parfois ailée; grains moyens ronds, serrés; peau un peu épaisse, d'un noir violet; chair rougeâtre, juteuse, sucrée, fort agréablement musquée. Fruit très bon. Maturité demi-hâtive.

Muscat rouge

Syn.: *Muscat gris.*

Cep fertile et vigoureux; grappe moyenne allongée, assez serrée peau d'un rouge pâle. Chair ferme, sucrée, relevée, musquée et agréable; fruit très bon. Maturité de 2o époque.

Muscat de Hambourg

Cep très vigoureux et très fertile, sarments gros, d'un fauve clair taille à long bois, forme de belle treille à l'exposition du midi. Grappe forte, pyramidale, allongée, régulière et ailée; grains gros, ovales ar rondis, moyennement sucrés. Peau épaisse mais tendre, d'un noir pourpré; chair ferme, bien sucrée, relevée, ayant un bon goût de muscat.

Malvoisie blanche

Originaire du Piémont. Vigne assez vigoureuse, productive, qu'on plante dans nos contrées pour conserver le raisin pendant l'hiver La grappe est moyenne, les grains petits, assez peu serrés, sphéroïdes Chair juteuse, aromatisée. Maturité très tardive.

Malaga

Fruit blanc, très gros, ovoïde, beau et bon, sucré; grappe volumineus et très ramifiée; fertile, mais un peu tardive. Cette vigne, dans notr région, doit être cultivée en treilles contre les murs exposés au midi

Frankenthal

Syn. : *Chasselas bleu, Black Hambourg* (en Angleterre).

On cultive surtout cette variété en serre, excepté dans la région du Midi, où on la place en treille contre un mur exposé au soleil. Cette vigne produit une superbe grappe, très grosse, allongée, pyramidale, régulièrement ailée ; grains très gros, ronds ; peau d'un noir violacé ; chair croquante, sucrée, relevée. Fruit très bon ; maturité tardive. Cep vigoureux, assez fertile si on lui donne un grand développement.

Malbeck noir

(Voir Malbeck, aux raisins pour la cuve, page 62).

TROISIÈME PARTIE

Des Porte-Greffes américains

Vigne Américaine porte-greffe

Vialla

Obtenu par M. Laliman, de Bordeaux, qui lui a donné le nom de l'honorable président de la Société d'Agriculture de l'Hérault.

Ressemble au Franklin. Très résistant à peu près dans tous les terrains, mais se plaît surtout dans les terres légères, où il devient très vigoureux; se comporte mal dans les sols compacts et calcaires. Son principal mérite réside dans sa facilité au greffage et ses belles soudures, par suite de l'émission précoce de la sève. Reprend facilement de boutures. Port étalé, feuilles assez grandes, entières, d'un vert foncé, à dents peu marquées, obtuses. Le Vialla n'offre aucun intérêt au point de vue de la production directe à cause de la qualité médiocre de son vin, mais il est considéré comme un porte-greffe de premier ordre. Réussit admirablement dans la Gironde et dans la partie supérieure de la vallée du Rhône.

York Madeira

(Hybride)

Cépage à végétation modérée surtout les premières années, acquérant de la vigueur avec l'âge, très résistant au phylloxéra qui ne l'attaque guère, indemne des maladies cryptogamiques, s'adaptant à tous les terrains et bravant la sécheresse; un de nos meilleurs porte-greffes, —s'alliant très bien à la plupart de nos variétés (Voir sa description dans les producteurs directs).

BÉQUIGNOL OU FER

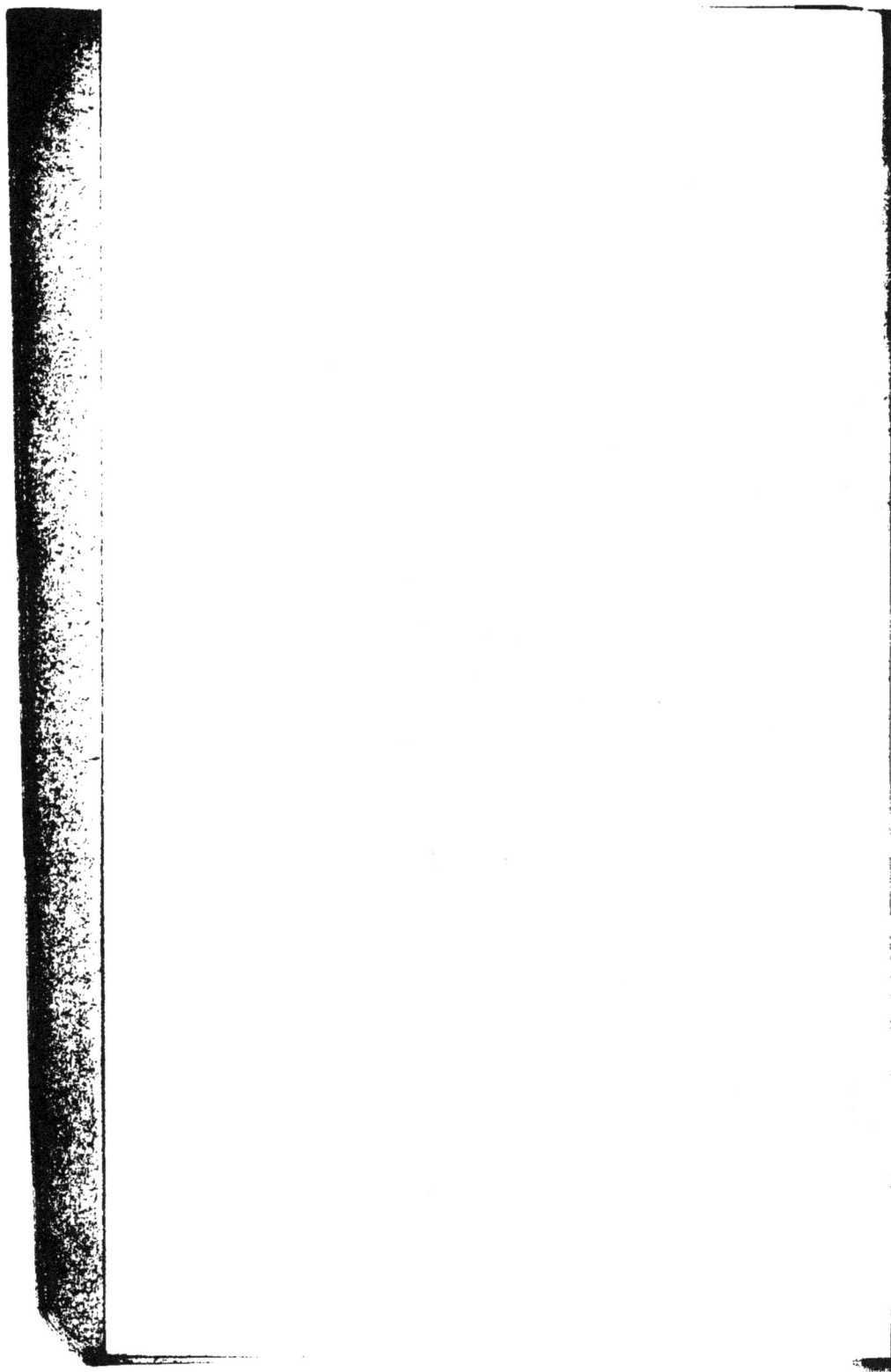

Riparia

Le Riparia est une vigne sauvage généralement un peu grêle, atteignant un grand développement. Il débourre et fleurit de très bonne heure.

C'est un des cépages les plus résistants au phylloxéra, et dont l'aire géographique s'étend le plus loin.

Par exemple, dans nos terrains moyens, dans nos coteaux qui ont de 50 à 70 centimètres de profondeur, où, sous une couche argileuse, se trouve un sous-sol sablonneux ou graveleux laissant passer les eaux qui proviennent de la surface, le Riparia obtiendra une complète réussite. Le Riparia, ayant la racine pivotante, dépérit dans les sols sans profondeur; c'est là ce qui explique les nombreux cas de chlorose dont se plaignent un grand nombre de viticulteurs.

Il y a de très nombreuses variétés de Riparia, toutes ont les mêmes caractères généraux de vigueur et de résistance. Les plus estimés sont les *Riparia glabres* à bois lisse et brillant, à feuilles épaisses et luisantes; cette espèce serait la plus rustique. Les Riparias *Tomenteus*, blancs ou gris, sont garnis, au-dessous des feuilles, d'un duvet blanc ou chamois et sont doués d'une grande vigueur ; ils demandent un sol plus profond et plus frais que le précédent, réussissent bien dans les terrains mouilleux et argileux, où ils sont moins sujets que les autres espèces à la chlorose. Le sarment est relativement gros et le pied se développe vite. Dans les variétés les plus répandues, citons: *Riparia Fabre* ou *Martin des Pallières*, à bois glabre rouge, feuille trilobée, évasée sur le pédoncule. Ce type de Riparia est vigoureux et recommandable. *Riparia Portalis* ou *Gloire de Montpellier*, variété glabre rouge, végétation splendide, feuilles très grandes, très vertes, très étalées; cépage, dit-on peu sensible à la chlorose ; vient bien dans les terrains argileux, marneux, sablonneux, blanchâtres ; *Hybride Azémar, hybride d'Æstivalis et de Riparia*, décrit par M. Millardet. Port allongé, bois très gros, peu rameux, formant de fort belles boutures de couleur châtain foncé ; reprise de boutures, 50 à 60 0/0; résistance de premier ordre au phylloxéra; réussit en terrain argilo-calcaire et siliceux très compacte.

Solonis

Le Solonis qui est, dit-on, originaire de l'Arkansas, appartient à la famille des Riparias et est un des meilleurs porte-greffes connus. Il est préférable à tous les autres dans les terrains humides, dans les terres d'alluvion, dans les sous-sols argileux qui retiennent l'eau, et dans ceux de tuf ou de craie peu profonds. Cette vigne est excessivement vigoureuse et pousse abondamment de long et nombreux sarments, très résistants au phylloxéra. On la plante avec succès sur le versant des coteaux où l'argile domine. La Solonis ne vient pas dans les terrains trop secs, il réussit mieux que les Riparias et les porte-greffes décrits déjà, dans les sols calcaires et crayeux des Charentes. Cependant, il ne faudrait pas affirmer qu'il réussit bien, car ces terrains paraissent réfractaires à toute reconstitution par les cépages américains, à moins que les nouveaux hybrides dont nous allons parler n'y viennent. Le Solonis ne devra pas être employé dans les terrains trop secs.

Jacquez

C'est un porte-greffe de premier ordre qui ne redoute pas les terres fortes, très argileuses et même calcaires. Il réussit en cette qualité dans presque tous les terrains de cette catégorie, et nous expliquerons ce fait parce que les racines du Jacquez sont plongeantes et perforantes, tandis que les racines adventives du Riparia sont traçantes et ne traversent pas les sols compactes.

(Voir la description de ce cépage aux produits directs, page   ).

Franklin

(*Hybride de Riparia*)

Sans valeur comme producteur direct, excellent porte-greffe, très vigoureux, très rustique, ressemble beaucoup au Vialla; on le confond très souvent avec ce cépage. Grappe petite, serrée; grain globuleux, moyen; chair pulpeuse, à saveur foxée, peu sucrée. S'adapte très bien à nos variétés françaises. Reprend bien de boutures.

Oporto

(*Hybride de Riparia*)

Plus grand, plus fort que le Vialla, qu'il égale comme porte-greffe, le bois est gros et sa résistance au phylloxéra est certaine; ses grappes, assez nombreuses, ne conservent que quelques très gros grains d'un beau noir.

Black Pearl

(Riparia Hybride)

Hybride de Clinton et de Taylor. Produit des petits raisins donnant un vin noir comme de l'encre et d'un goût peu agréable. Mais en revanche, comme porte-greffe, il est d'une merveilleuse vigueur même dans les sols les plus argileux; son affinité avec nos variétés françaises est très grande, aussi se soude-t-il très bien.

Marion

(Hybride de Riparia)

Variété nouvelle apportée de la Pensylvanie par Samuel Miller. On la suppose originaire de la fameuse école de vignes de Longworth. Le Marion est insignifiant comme producteur direct, ne porte que de petits raisins. Grappe moyenne, compacte; grain moyen, rond, très noir, juteux, doux quand il est bien mûr. Fleurit de bonne heure et mûrit tard. Recommandable seulement comme porte-greffe. Il est doué d'une très grande vigueur et réussit très bien à la greffe ; se plaît dans les terrains forts.

Augwick

(Hybride de Riparia)

Ce cépage est extrêmement vigoureux, se chargeant, avec la taille longue, de petits raisins. Vin très riche en alcool et en couleur, ayant, comme le Clinton, un goût très foxé d'abord mais qui s'améliore vite. On doit surtout cultiver cette variété comme porte-greffe.

Winslow

(Hybride de Riparia)

Ce cépage est excessivement vigoureux, se chargeant, avec la taille longue, d'une grande quantité de petits raisins. Vin très riche en couleur et en alcool ayant, comme le Clinton, un goût très désagréable d'abord mais qui s'améliore vite. Cette variété n'a de valeur que comme porte-greffe et a les mêmes qualités que le cépage précédent, auquel il ressemble.

Taylor

(Hybride de Riparia)

Vigne à végétation très forte, rampante, saine et rustique. Le Taylor prospère dans tous les terrains forts, compactes, dans tous ceux qui joignent à la profondeur une humidité suffisante. Dans ces conditions, il est impossible de trouver un meilleur porte-greffe, pour y adapter les variétés françaises avec lesquelles il se soude parfaitement. Ses sarments sont forts et leur reprise par boutures facile. Les terrains trop secs ou trop calcaires ne lui conviennent nullement.

Clinton

Souche très vigoureuse; a été beaucoup délaissé parce qu'il ne réussit pas dans tous les terrains ; il est aussi très sujet à la chlorose. Il réussit parfaitement dans les sols siliceux rouges et les terres légères perméables et fraîches. Dans la vallée du Rhône, on le considère comme un excellent porte-greffe. Il produit un vin riche en couleur et dont le mauvais goût devient très supportable en vieillissant; mais le Clinton ne doit être employé que comme porte-greffe.

Rupestris

Excellent porte-greffe pour les terrains secs, maigres, calcaires, sablonneux ou cailloux, où ne peuvent prospérer la plupart des autres cépages américains; complètement indemne du phylloxéra. Sa souche grossit même assez rapidement dans ces natures de sols.

Ce cépage est reconnaissable à sa forme hérissée en buisson et à ses feuilles d'un vert glauque, luisantes quand elles sont jeunes, et constamment repliées en gouttières.

Reprend assez bien de bouture; difficile à la greffe bouture sur bouture, réussit mieux lorsqu'il est raciné et en place. Le bois est plus épais, il a moins de moelle que le Riparia, et la souche semble grossir plus rapidement.

Il y a, comme dans le Riparia, de nombreuses variétés de Rupestris. Les plus importantes sont : le *Rupestris Ganzin* et le *Rupestris Fort Worth*.

Le *Rupestris Ganzin* jouit d'une grande facilité d'adaptation aux terrains marneux blancs de mauvaise qualité. Il reste dans le Midi porte-greffe vigoureux et fertile, là où le *Solonis* jaunit et où le *York* s'étiole et disparaît. Doit être greffé sur plant raciné, résiste à l'anthracnose.

CASTETS

plus vigoureux des Rupestris, c'est, d'après M. Millardet la
té qui a été envoyée en 1882 par M. Hermann Jœger, de Neosho,
i provient de *Fort-Worth*, dans le Texas. Moins buissonnant
a plupart des autres formes de la même espèce, ses branches
reuses sont très grosses et d'une grande longueur. Il fournit de
rbes bois pour le bouturage, et en quantité ; la souche est de forte
nsion. Essayé depuis peu, le Rupestris de *Fort-Worth* a une
de force de végétation dans les terrains marneux compactes et
les sols argilo-calcaires, possède une grande facilité d'adaptation
e grande résistance ; reprend de boutures, 90 p. 100.
y a encore des hybrides de *Riparia Rupestris* et de *Cordifolia*
estris, de M. Millardet et de Grasset, dont on dit le plus grand
. Très vigoureux, ayant une grande facilité d'adaptation, ils sont
iques et peu sujets à la chlorose, viennent bien dans les sols ar-
calcaires, compactes, reposant sur une marne blanche, de mau-
c qualité.

Gaston Bazile

Syn.: *Pedroni.*

ort buissonnant, bois grêle, d'une croissance lente ; c'est un petit
lla, dit M. Champin, à très petite végétation, d'une résistance
aine au phylloxéra. Reprend difficilement de boutures. Ce porte-
ffe, propagé par M. Laliman, sera employé avec succès dans les
ntations, mais on devra mettre les ceps très près à près.

Hybride de Rupestris par York

N° 1107

Semis de M. Couderc, 1881.

Ce semis présente sur les Rupestris purs l'avantage de donner beau-
up de reprises à la greffe-boutures.

Porte-greffes recommandés pour les terrains calcaires

Depuis le voyage de M. Vialla en Amérique

Vitis Berlandieri

Espèce sauvage pouvant surtout être employée comme porte-greffe pour les terrains crayeux, mais a le grand défaut d'être excessivement difficile à reprendre de boutures. Pour être multiplié, il faudra employer sous châssis le bouturage à un œil ; on devra se servir aussi de ce procédé pour les variétés suivantes, qui sont assez difficiles au bouturage :

Cinerea

Doit son nom au reflet cendré de ses bourgeons, de la partie inférieure de ses feuilles et de son bois ; cépage vigoureux, très répandu en Amérique, dans les bas-fonds et sur les bords des lacs. S'il était facile de le multiplier de boutures, ce serait un porte-greffe de premier ordre dans les terrains crétacés.

Cordifolia

D'après M. Pulliat, la vigne Cordifolia se distingue des Riparias par une feuille plus longuement cordiforme, par une denture moins aiguë et par sa jeune feuille qui s'étale au moment du bourgeonnement, tandis qu'elle reste pliée en gouttière chez le Riparia. Cette variété ne supporte pas les grands froids et reprend très difficilement de greffes et de boutures, mais à cause de sa grande résistance au phylloxéra et dans les mauvais terrains, on pense qu'elle pourra jouer un rôle très utile dans les croisements.

Vitis Candicans ou Mustang

Résistance absolue au phylloxéra, rétivité grande au bouturage; ne
apporte pas les grands froids et donne des fruits immangeables.
. Vialla a rencontré cette vigne à l'état sauvage dans le Texas et
Arkansas, sur les bords des fleuves où elle prend un grand dévelop-
ement ; est moins vigoureuse sur les coteaux crétacés et dans les
arnes bleues très calcaires; offre aussi moins d'intérêt que les varié-
s décrites plus haut.

Cette vigne est surtout caractérisée par un duvet très blanc et très
ompacte, qui recouvre ses jeunes pousses et la partie inférieure de ses
euilles adultes ; c'est ce caractère très distinctif qui lui a valu le
om de Vitis Candicans.

QUATRIÈME PARTIE

VIGNES AMÉRICAINES

Producteurs directs

Race des Æstivalis

C'est l'espèce par excellence pour la production du vin, elle se rapproche plus que toute autre de nos vignes françaises; elle n'a pas le goût foxé. Le sol que préfère cette variété est un terrain sec, ferrugineux, argileux et argilo-calcaire. Le bois des Æstivalis est solide, dur avec très peu de moelle, en sorte qu'il est difficile de le propager par boutures. Les rames sont dures et tenaces, avec un liber uni et dur; elles pénètrent profondément dans le sol et défient parfaitement les attaques du phylloxéra. Leur résistance a été éprouvée et mise hors de contestation.

A mesure que les Æstivalis vieillissent, les grappes deviennent plus grosses et les grains aussi. Ils reprennent aussi mieux de boutures que dans les premières années de leur plantation. Il y a une certaine acclimatation qui n'influe en rien sur leur résistance.

Producteurs directs noirs de cuve

Herbemont

Une des meilleures vignes du groupe Æstivalis, très fertile et très régulière dans sa production; surnommée en Amérique *Sac à vin*. C'est le producteur par excellence des pays tempérés, chauds et humides,

MANSIN OU MANSENC

comme notre région du Sud-Ouest; produit un vin rouge d'une jolie couleur, un peu claire, qui a un très bon goût. Les grappes sont très grandes, longues et compactes; les grains sont moyens, noirs, à reflet bleuâtre; la peau est mince; chair douce et bonne; mûrit tardivement. Résistance et vigueur de premier ordre.

Réussit en sol argileux, ferrugineux, fort, même calcaire, redoute beaucoup l'humidité stagnante et les sols caillouteux, graveleux, calcaires et argileux ; végétation très vigoureuse avec un beau feuillage; peu sujet au mildew, reprend difficilement de boutures, exige une forte charpente, taille longue. Ce cépage très fertile mérite d'être propagé.

Herbemont-Harwood

Semis d'Herbemont, à grains beaucoup plus gros; mûrit quatre ou cinq jours avant l'espèce type. Cette variété a de forts sarments à mérithalles courts, n'a pas une végétation aussi vagabonde que l'*Herbemont;* sa production est semblable, reprend encore plus difficilement de bouture. Nous croyons que l'Herbemont ordinaire lui est supérieur en qualité.

Herbemont d'Aurelles nᵇ 1

Semis de M. d'Aurelles de Paladine, propriétaire en Algérie. Cépage fertile et vigoureux, réfractaire à l'oïdium, à l'anthracnose et au mildew, reprenant facilement de boutures et se mettant promptement à fruit. Grappe volumineuse, ailée, conique et tassée; grain petit, rond, noir. Le poids moyen des grappes est de 500 grammes, on les trouve de 700 et même de 900 grammes. Le vin produit par cette variété est d'une jolie couleur rouge clair, agréable et franc de goût, titrant 9 à 10 degrés d'alcool.

Herbemont d'Aurelles n° 2

Variété du précédent, un peu moins fertile, mais à vin plus coloré et plus alcoolique.

Herbemont Touzan

Encore un hybride d'Herbemont très préconisé; résiste au phylloxéra t aux autres maladies cryptogamiques; produit des grappes très volumineuses pesant en moyenne 600 grammes. Raisins et vin francs de goût.

Jacquez

Syn. : *Lenoir, Jack.*

C'est une des vignes américaines les plus répandues dans le Midi. — Dans notre région, le Jacquez est très affecté par la coulure, l'anthracnose et le mildew. Réussit fort bien en terrain argileux compacte, même marécageux, et est employé avec succès comme porte-greffe. Cette vigne est très rustique, très résistante et très fertile; il végète encore assez bien dans des terres argileuses blanches, où le Riparia dépérit. Les grappes sont longues, ailées; les grains sont petits, noirs, et exempts de tout goût foxé; le vin est très riche en couleur et alcool. Le Jacquez réclame une taille longue.

Jacquez d'Aurelles n° 1

Cette hybridation de Jacquez, par M. d'Aurelles, n'est pas aussi fertile que son semis d'Herbemont, mais sa souche est très vigoureuse et végète en Algérie dans des alluvions graveleuses ne présentant aucune trace d'oxyde de fer. On pourrait donc essayer cette variété en sol blanc et calcaire. Grappe grande, ailée, pyramidale; grain moyen, noir, rond; vin (d'après M. d'Aurelles) franc de goût, n'ayant de similaires en fait de couleur, de degré alcoolique et d'extrait sec, que certains vins d'Italie ou de Portugal. La production serait de 100 hectolitres à l'hectare. Le degré alcoolique atteindrait et même dépasserait 15 degrés.

Le Jacquez n° 2 du même obtenteur, serait moins fertile; son rendement ne serait que de 50 hectolitres à l'hectare, mais son vin est tout aussi parfait que celui du Jacquez n° 1. Ces cépages sont à l'étude, il faut les essayer.

Saint-Sauveur

Semis heureux de Jacquez, obtenu en 1877 par M. Gaston Bazile; a parfaitement jusqu'ici résisté au phylloxéra; il nourrit des insectes comme le Jacquez, dont il est issu, mais ne paraît pas en souffrir; reprend facilement de boutures. Ce cépage est vigoureux, très fertile, exige une taille longue. Sa grappe est grosse, longue, compacte; le grain est noir, assez gros, sphérique, pulpe fondante, à saveur agréable, d'un goût foxé; jus abondant, rouge; maturité très hâtive, moût bien sucré; vin alcoolique, franc de goût, d'une superbe coloration. Le Saint-Sauveur n'est pas à l'abri de l'anthracnose, qui attaque si vivement le Jacquez.

Cynthiana

Syn. : *Arkansas, Red Rivers.*

Ressemble tellement au *Norton's Virgina* qu'il est impossible de les distinguer. La grappe est cependant un peu plus ailée, le grain plus juteux et un peu plus doux. Grappes moyennes très abondantes, si on lui donne la taille longue. La végétation tardive du Cynthiana et du Norton's doit, les faire rechercher dans l'ouest et le centre de la France; ils réussissent dans les argiles rouges, dans les terrains silico-ferrugineux profonds et à une exposition du nord.

Grain moyen, rond, noir, avec fleur bleue, à jus très rouge; produit un vin rouge d'une belle couleur, riche en corps et en alcool, d'un goût excellent.

Les raisins peuvent rester sur la souche jusqu'aux gelées, sans pourrir; ils sont à l'abri de l'anthracnose, de l'oïdium, du mildew et du black-rot, disent les Américains; reprend très difficilement de boutures.

Black-July

Syn.: *Devereux*

C'est une vigne à forte végétation, peu productive, très résistante; réussit en sol argilo-graveleux; exige une taille longue.

Les grappes sont longues, lâches, ailées; les grains sont noirs, au-dessous de la moyenne, ronds; la chair est juteuse, sans pulpe, vineuse et de très bonne qualité; produit un vin rose foncé d'un bouquet excellent.

Cuningham

Syn.: *Long n° 2.*

Cépage très fertile, très résistant et très vigoureux; réussit en terrain argilo-calcaire. Son raisin est de grosseur moyenne, très serré, noir, clair rougeâtre. Maturité très tardive; le vin est très peu coloré, d'une couleur jaune foncé, mais très riche en alcool (12 à 14 degrés). Peut être utilisé comme porte-greffe à cause de sa grande vigueur et de sa résistance au phylloxéra.

Cuningham long, n° 1

Le Long n° 1, de M. Laliman, est assez productif, très précoce comme maturité; ses raisins sont francs de goût, petits, vineux, serrés et de longue garde; le grain est un peu plus fort que celui de Cuningham-type; il est beaucoup plus noir aussi; il produit un vin agréable. Ce cépage n'a aucune maladie cryptogamique.

York's Madeira

Hybride. — (Origine douteuse.)

C'est un médiocre producteur direct, il n'est pas assez régulier dans sa production, a une végétation modérée et parfois une apparence chétive qui n'ôte rien à sa rusticité; vient bien dans les sols secs, caillouteux et peu profonds; grappe moyenne et compacte; grain moyen noir ; jus très coloré et vineux mais foxé; donne un vin d'une belle richesse de coloration, d'un bon goût qui s'améliore encore en vieillissant ; pourra augmenter la couleur des autres vins. C'est un porte-greffe de premier ordre pour les terrains secs et pour les variétés à développement modéré, comme les Cabernet, Verdot et Merlot; exige une taille courte. Si comme porte-greffe on ne réussit pas le York's, on possédera cependant un producteur direct assez avantageux.

Elsinburgh

Syn. : *Elsimburghi, Elsimborough.*

Excellent Æstivalis, vigoureux, précoce et fertile, auquel on ne reproche que la petitesse de ses grains, mais il rachète ce défaut par beaucoup de qualités ; il mûrit ses fruits de bonne heure, il n'est pas sujet à la coulure ni au mildew, de résistance de premier ordre au phylloxéra ; il reprend assez facilement de boutures, ce qui est rare pour un Æstivalis. Sa grappe est moyenne, peu serrée; grain petit, noir rond, saveur agréable ; vin rouge vif, alcoolique, franc de goût. L'Elsinburgh n'est pas assez connu, car il est méritant.

Rulander

Syn. : *Louisiana, Sainte-Geneviève.*

Vigne à végétation forte, à mérithalles courts, à feuilles cordiformes vert clair, lisses, restant sur la plante jusque vers la fin de novembre; peu sujette aux maladies cryptogamiques. La résistance de ce cépage a été mise en doute; mûrit bienen terrain silico-argileux, il est fertile, sa maturité est inégale ; la grappe est un peu petite, très compacte, ailée; le grain est petit, pourpre, foncé, noir, sans pulpe, juteux et doux. Fournit un vin rouge pâle très alcoolisé. Ce cépage exige une taille longue.

Eumélan

(Hybride- Æstivalis)

Très productif, donne un vin coloré et de bon goût ; il est sujet à la coulure, et dans certains sols, il n'a pu supporter les atteintes du phylloxéra et du mildew. C'est une vigne à forte végétation, qui donnera une certaine satisfaction à ceux qui la cultiveront en terrain siliceux ou légèrement argilo-siliceux. Grains gros, ronds, noirs, tenant à la grappe; vin fin, naturel, très pur et riche en alcool.

Baxter

Cépage vigoureux, résistant aux maladies aériennes, se rapproche de l'Herbemont, mérithalles plus courts, grains plus gros, raisins plus serrés, mais d'une maturité plus tardive et d'un goût moins fin. Grappe grande, assez lâche, grain noir, rond ; variété tardive, rustique et fertile.

Hermann

(Semis de Norton's Virginia)

C'est une vigne saine à l'abri des invasions cryptogamiques ; exige un climat tempéré; elle porte un raisin très long, qui donne un vin gris ayant la couleur du Madère, titrant 12 à 15 degrés d'alcool; peu fertile, surtout dans les premières années de sa croissance, de maturité tardive, reprend très mal de boutures.

CINQUIÈME PARTIE

Des Hybrides Producteurs directs.

On appelle *hybride* une plante produite par le mélange de poussiè- res fécondantes (pollen) d'espèces différentes. Cette fécondation se pra- tique naturellement ou artificiellement. Les vignes qui doivent leur origine à une hybridation accidentelle ou cherchée sont très nombreu- ses en Amérique. Tous les ans, les Américains créent de nouveaux hybrides ; on a eu en France, et l'on a encore de grandes préventions contre les *hybrides*, à cause du mystère qui plane sur leur origine. Les faits, l'expérience et le temps ont réformé et réformeront encore bien des préjugés. On n'ignore pas que dans la constitution des hybrides, les deux parents agissent d'une façon extrêmement variable. Bien des produits obtenus de la sorte se rapprocheront de leurs ancêtres et en auront quelquefois tous les défauts, mais il est possible aussi d'en trouver un dans le nombre qui réunira exclusivement toutes les bon- nes qualités de ses parents.

Beaucoup de personnes confondent le métissage avec l'hybridité. Le métissage est le croisement sexuel entre plantes *de même espèce*. L'hy- bridité est le croisement usuel entre plantes d'espèces différentes.

Si par un moyen quelconque, à l'aide d'un pinceau à poils fins et flexibles, vous portez le pollen (poussière mâle) d'une fleur de vigne eu- ropéenne, *Vitis Vinifera*, sur le stigmate (sommet de l'organe femelle) d'une fleur d'un autre pied de vigne européenne, après avoir atrophié les organes mâles, vous faites un métissage, et de la graine sortira un métis.

Si vous portez le pollen de la même vigne européenne sur le stig- mate d'une fleur de Rupestris ou de toute autre vigne sauvage d'Amé- rique, vous faites une hybridité.

Ainsi, le métissage se fait entre fleurs de pieds différents de la même espèce ; l'hybridité entre fleurs d'espèces différentes.

Les métis sont très communs dans la nature et les hybrides y sont rares : les descendants directs sont moins nombreux que les métis, mais bien plus que les hybrides.

Lorsque les vrais hybrides réussissent, et ce sont ceux d'espèces voisines, ils se distinguent de leurs parents comme et plus encore que les métis, par une croissance vigoureuse, une formation de feuille plus grande, la précocité de la floraison, l'étonnante quantité de fleurs avec une forte tendance à doubler ; aussi les hybrides ne donnent que très rarement des graines, car leurs organes sexuels, surtout les organes mâles, sont atrophiés ou avortés ; on a recours à la greffe, au bouturage ou au marcottage pour les multiplier.

Producteurs directs rouges de Cuve

*Qui ont donné des résultats dans les terrains que nous déterminons ;
ne résisteront très probablement au phylloxéra que dans les terrains
que nous indiquons.*

Othello

(Hybride d'Arnold nº 1.)

Vigne d'une belle végétation et d'une grande fertilité; prospérant dans tous les sols; mais dans les sables légers est encore plus attaquée par la *mélanose* (altération des feuilles), par le *mildew* ou rot du raisin, et par le *coniothyrium diplodiella* ou rot livide. Tous ces champignons causent de grands ravages sur ces belles grappes. Pour les mettre à l'abri de ces cryptogames, il est nécessaire d'employer fortement la Bouillie bordelaise ou huit litres d'ammoniure par hectolitre d'eau, aussitôt les raisins bien formés.

Les sarments de l'Othello sont de longueur moyenne, semi-érigés, d'une couleur brun jaunâtre, à feuilles grandes, trilobées et assez vertes d'aspect, à grappes assez grosses, d'où se détachent de jolis grains presque ronds, gros et d'un violet foncé, un peu foxés de goût. Son vin est de longue garde, très coloré, presque exempt de goût foxé, et de bonne qualité; se mélange très bien avec le vin d'Herbemont qu'il colore. L'Othello est remarquable par la rapidité de sa mise à fruits. Les plants racinés portent la plupart quelques raisins dès l'année de leur mise en place. Sur des ceps à la troisième et quatrième feuille on a récolté 2 hectolitres 25 litres, ou une barrique de vin, par 80 ou 90 pieds.

L'Othello exige la taille courte, la forme quenouille lui convient. Maturité demi-hâtive. A cause de sa grande affinité avec nos vignes européennes, peut devenir un excellent porte-greffe pour les sols argileux frais.

Senasqua

(Hybride d'Underhill's)

Vigne très recherchée dans quelques régions de l'Est et du Centre, à cause de sa fertilité, de sa précocité, de la beauté de ses raisins et surtout à cause de son débourrage tardif qui le met à l'abri des gelées printanières. Le Senasqua n'est pas très rustique ni très résistant, il préfère un sol léger, frais et profond. Dans les plaines froides et riches en silice, il supporte une taille longue. Cette variété porte des grappes grosses, compactes, très saines ; les grains sont gros, serrés, jamais grillés du soleil. Le Senasqua produit un vin très beau, noir et très alcoolique, légèrement foxé. C'est un des meilleurs hybrides à propager pour les sols siliceux et argilo-siliceux légers et froids. Maturité demi-hâtive.

Secretary

(Hybride de Rickett's par le croisement du Clinton et du Muscat de Hambourg.)

Vigne vigoureuse, rustique, promet beaucoup comme résistance ; elle prospère dans les sols les plus argileux et est excessivement fertile. Grappe grande, modérément compacte, ailée avec un grain gros, rond, noir et à belle fleur ; chair juteuse, douce, légèrement vineuse. Le vin est noir, d'un goût franc, avec un léger et agréable bouquet de muscat.

Le feuillage ressemble à celui du *Clinton;* mais il est plus épais. Ce raisin sera très apprécié comme raisin de table, il a un bon goût de muscat. Le Secretary entre en récolte dès la seconde feuille. Taille courte les premières années après la plantation. Maturité de 3e époque, tardive.

Cet hybride tend à occuper une des premières places parmi les producteurs directs recommandables pour cet usage qui sont : l'*Herbemont,* pour les sols argileux rouges; le *Black Defiance,* le *Brant,* le *Canada,* le *Cornucopia, Black Eagle,* pour les sables *(Jacques* pour le Midi). Dans les cépages blancs : *Noah, Green's Missouri Riesling,* dans les argiles; *Triumph, Elvira* dans les terrains sablonneux et argilo-siliceux ou légèrement calcaires.

PETIT BOUSCHET

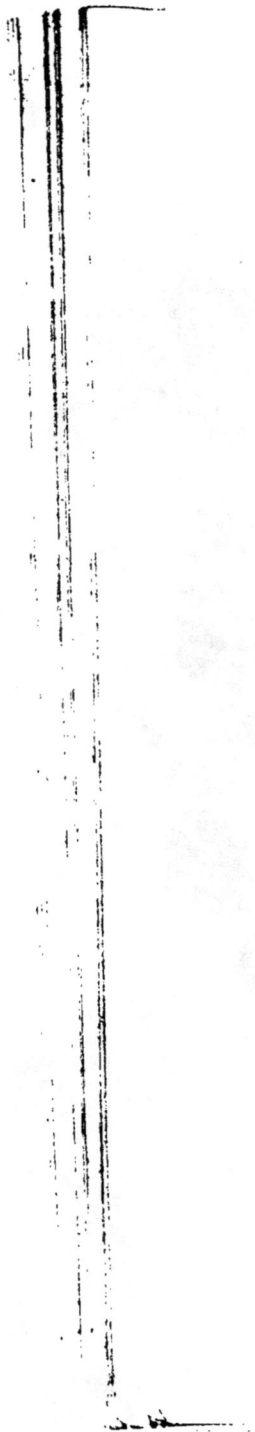

Black Defiance

(Hybride d'Underhill's)

ette vigne provient d'un croisement entre le *Black San Peters* et le
cord, excellent cépage, tardif, productif, résistant au mildew et
ssissant en sol argilo-siliceux. Les grappes sont abondantes, re-
rquables par leur beauté; les grains sont gros et juteux. Vin riche
couleur, en alcool, et franc de goût. Suivant la richesse du sol, il
ame une taille longue. Nous ne sommes pas convaincu de sa ré-
ance au phylloxéra dans les terres très fortes,et c'est regrettable,
le Black Defiance produit un bon vin.
ans les sols compactes il végète mal. Nous avons greffé des Black
fiance et les souches nous ont fourni, à la troisième année, après
te opération, une très abondante récolte.

Cornucopia

(Hybride d'Arnold n° 2. Semis du Clinton croisé
avec le Black San Peters)

Vigne d'une vigueur exubérante, d'une grande précocité et
ne grande production ; son feuillage est très large, d'un vert
mbre; réussit en sol sablonneux ou légèrement silico-argileux et
ns les terres fortes fraîches. Grappe grosse, ailée, très compacte;
ain gros, noir, recouvert d'une jolie fleur. Chair fondante, avec
s peu de pulpe, un jus un peu acide, mais qui produit un excellent
n d'un bouquet riche, ayant du montant et agréable ; c'est le
illeur vin américain avec le vin de Canada. Ce cépage mûrit assez
t. Comme porte-greffe a donné aussi d'excellents résultats ; de-
ande une taille longue. Maturité hâtive.

Black Eagle

Hybride d'Underhill's. Hybride de Labrusca et de Vitis Vinifera)

Bonne variété si elle n'était sujette à la coulure dans certaines con-
ées; n'est pas attaquée par les maladies cryptogamiques; réussit bien
r nos coteaux en sols légèrement argilo-siliceux ; nous craignons
'il ne résiste pas en terrain argileux fort ; ce cépage n'y est pas vi-
ureux ; végétation fertile, porte de beaux raisins à grains noirs,
os et bien espacés. Les grappes sont longues, lourdes et bien four-
es, supportent les expéditions ; maturité précoce. Son vin est noir,
n, alcoolique, très légèrement foxé. Ne lui donner une taille lon-
ue que vers la septième ou huitième année après la plantation.
aturité hâtive.

Canada

(Hybride d'Arnold n° 16)

Ce cépage est un hybride de *Clinton* et du *Vitis vinifera* le *Black-San-Peters*, est très fertile et vigoureux dans les sables et dans les sols sablonneux légèrement argileux, caillouteux et même calcaires. La grappe est bien développée, le goût de ce raisin est neutre et ressemble beaucoup à nos variétés françaises. Cette vigne est très productive et saine, à l'abri de toute maladie cryptogamique; maturité hâtive. Le vin est fin et délicat, noir, exempt de tout goût foxé; peut être multiplié comme raisin de marché. Il faut lui donner une taille très longue. Si on possède des sols légers, qu'on plante du Canada, on s'en trouvera très bien.

Brant

(Hybride d'Arnold n° 8)

Semis de *Clinton* croisé avec le *San Peters* noir; on le confond souvent avec le Canada; en diffère par le feuillage, plus denté en lobes; d'un vert foncé rougeâtre dans le Brant, il est clair et blanchâtre dans le Canada; les raisins sont longs et clairs dans le premier, ronds et serrés dans le second. Le Brant est plus vigoureux, plus rustique, plus résistant au phylloxéra, un peu plus précoce et son vin est d'une excellente qualité, d'une belle couleur rouge, riche en alcool. Ce cépage supporte la taille longue. Maturité hâtive.

Hybrides producteurs directs à vin blanc

Noah

Syn. : *Noé.*

Le Noah a été obtenu d'une graine de Taylor, par Otto Wassezieher de Nauvoo, Ills, en 1869. C'est un Elvira perfectionné plus fertile, plus vigoureux; raisins blancs plus abondants, à grains plus gros que l'Elvira, ayant un petit goût de fraises-ananas; il produit un bon

blanc bien alcoolisé et d'un goût agréable ; passé à l'alambic, il
ne une eau-de-vie estimée. Son moût a pesé 15 degrés en 1887 ; or-
irement, il pèse 12 à 13 degrés. Pour obtenir le vin de Noah franc
oût, il faut le presser avant la fermentation, séparer la pulpe du
t et le mettre en barriques de suite, comme l'on procède ordi-
ement pour la fabrication du vin blanc. Ensuite, il est nécessaire
ui donner de très fréquents soutirages et de faire brûler de temps
emps, dans le fût qui contient ce vin, une mèche soufrée.
e Noah a une croissance très rapide, et dès la troisième feuille il
mence à porter des fruits ; ses feuilles sont très larges ; il possède
ombreuses racines pleines de vigueur ; aussi on peut juger déjà
l sera résistant au phylloxéra. Il est indemne de mildew, se plaît
ucoup dans les terres fortes, réussit en sol argilo-calcaire et exige
 taille longue. Le Noah est un excellent porte-greffe. Maturité
ive.

Green's nᵒ 1 ou Missouri Riesling

e Green's nᵒ 1, très voisin du Noah, se confond presque avec lui.
me port et même production, mais les raisins sont plus doux, plus
peux et d'un goût plus fin ; produit un vin blanc assez bon ; ne
int pas l'oïdium ni le mildew. Ce cépage devra être propagé à cause
sa vigueur et de sa fertilité. Fait aussi un excellent porte-greffe.
es Green's réussissent en terrains argileux forts.

Green's Golden

(Green's hybride nᵒ 2)

Vigne très rustique et très saine, d'une végétation très vigoureuse ;
ains très gros, d'un jaune d'or intense, bronzé du côté du soleil,
ux, juteux, avec peu de pulpe. Fait un vin blanc très apprécié.
aisin qui promet beaucoup pour l'usage domestique, la table et le
arché. Cette variété mérite d'être propagée comme le Noah et le
reen's nᵒ 1 ou Missouri Riesling.

Green's nᵒˢ 3, 4 et 5

Les Green's nᵒˢ 3, 4 et 5 sont des semis d'Elvira blanc, comme lui, à
etits fruits ; ils sont productifs : ce dernier est d'une végétation plus
igoureuse que les autres variétés. Le vin du Green's est de bonne
ualité.

Elvira

(Semis de Taylor obtenu par Jacob Rommel)

Cette variété donne en grande abondance un vin foxé mais très
alcoolique; les eaux-de-vie en sont parfaites et d'un arome très agréable. La végétation de l'Elvira est superbe dans les sables, mais dans
les terrains calcaires humides, il redoute la chlorose; donne une
grande production, reprend facilement de boutures, vient très bien
sur nos coteaux argilo-siliceux ; sain, n'est pas sujet à la coulure et
ne craint ni le mildew ni l'anthracnose, peut supporter la taille longue. Ne résiste pas dans les sols compactes.

Triumph

(Hybride de Concord de Campbell's n° 6, issu d'un croisement entr
le Concord et le Chasselas musqué.)

Le Triumph produit un vin qui peut supporter, d'après l'opinion d
l'honorable M. Piola, la comparaison avec les meilleurs vins blancs d
l'Entre-deux-Mers. Ce cépage est précoce et très fertile ; son feuillag
est magnifique, il commence à donner à la deuxième feuille; ses grap
pes sont toujours bien serrées, bien longues, les grains sont gros. L
taille de cette variété devra être courte, à moins que le sol ne so
très riche. Arrivé à l'âge adulte il produit du vin en abondance, qu'
faut traiter comme le vin de Noah ; il est bien plus léger mais il es
presque exempt de goût; il faut le séparer de la rafle et le soutire
souvent. Maturité de 3e époque (tardive). Le Triumph doit être plant
dans un sol riche argilo-siliceux ou siliceux calcaire, il ne résiste p
en terrain argileux compacte.

Duchess

(Hybride de Cayvood's)

C'est un nouveau et beau raisin de table issu du Concord bla
et du Delaware.

Cette vigne est très productive, pousse vigoureusement ; les raisi
qu'elle porte ont l'aspect du Malaga, car les raisins sont ovales,
couleur jaune d'or lorsqu'ils sont bien mûrs ; la pulpe est épaisse ;
chair est tendre, juteuse, douce, riche en alcool et d'excellen
qualité.

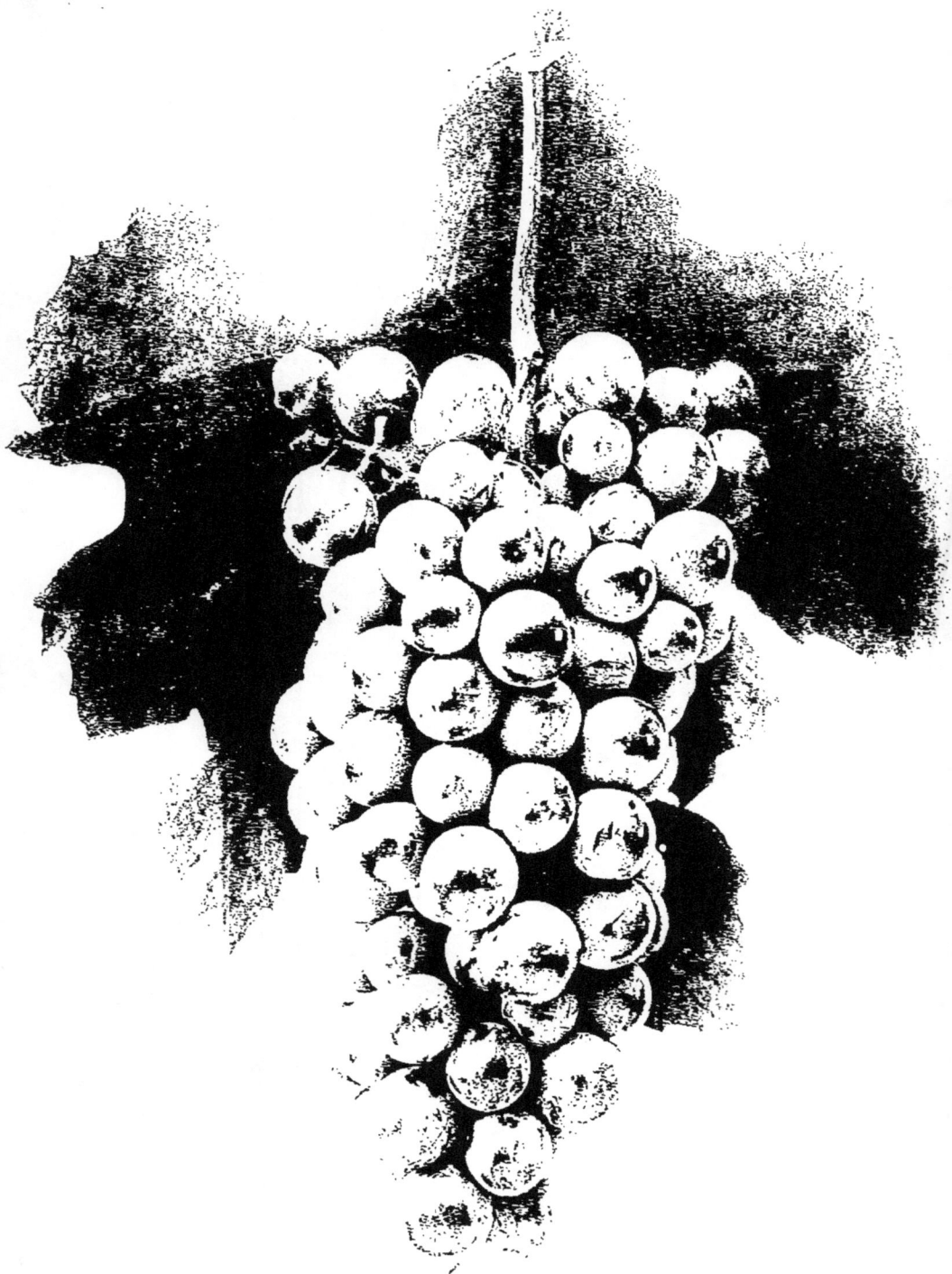

HERBEMONT

Le raisin Duchess, comme raisin de table, peut lutter avec tous les raisins connus, pour la finesse du goût, délicatesse du parfum et conservation parfaite jusqu'au printemps. Se plaît dans les sols légers et frais. Nous cultivons ce cépage dans les sables et dans des terrains argileux forts ; partout il végète admirablement. Dans le Lyonnais, il est excessivement apprécié.

Naomi

C'est un hybride de Clinton et de Muscat obtenu par M. Rickett. Cette vigne est vigoureuse et productive, plus fertile encore que le Noah; le raisin est grand, ailé; les grains sont de moyenne grosseur, ovale arrondi, vert pâle, souvent colorés en rouge du côté du soleil; chair juteuse, fondante, un peu cassante, douce, avec un arôme le goût de Muscat, de très bonne qualité, de maturité hâtive. C'est dommage que cet excellent cépage soit un peu attaqué par le mildew et les autres maladies cryptogamiques; mérite cependant beaucoup d'être propagé. Réussit en sol argilo-calcaire.

Pearl

Le Pearl blanc de Rommel's est un hybride de grand avenir, recommandable sous tous les rapports. Nous en conseillons la culture. Le Pearl peut être employé comme raisin de table ou pour faire d'excellent vin. Les grappes sont plus larges, plus ailées que celles de l'Elvira. Les grains sont ronds, jaune pâle, de moyenne grosseur, très serrés ; la peau est mince, transparente ; la pulpe est tendre, fondante, douce et de bon goût. Cette vigne est vigoureuse, productive et mûrit de bonne heure ; reprend bien de boutures, réussit en terrain argileux et même calcaire. Taille longue.

SIXIÈME PARTIE

Hybrides Producteurs directs.

Cépages blancs américains de table à essayer

Duchess

Cépage à raisins blancs, souche très vigoureuse ; très fertile, grappe moyenne serrée ; grain gros doré, rond ; chair fondante, bien sucrée, saveur fine et délicate; à classer parmi les meilleurs raisins de table et de conserve. (*Voir dans les producteurs directs blancs la description que nous en avons donnée page 108.*)

Croton

Le Croton, hybride de Delaware et de Chasselas de Fontainebleau, obtenu par S.-W. Underhill's, de Croton Point (New-York). Goût de Chasselas non foxé ; résiste aux maladies cryptogamiques ; productif mais peu vigoureux ; demande un bon terrain, pas trop argileux. Grains moyens, blancs, ronds.

Allen's

L'Allen's hybride, obtenu par M. F. Allen de Salem, par le croisement du Chasselas doré et de l'Isabelle ; grain rond, juteux, sucré, ayant peu de goût ; se rapprochant du Chasselas musqué, un peu sujet à la coulure et à l'oïdium. Ce cépage sera-t-il résistant ? Nous ne le croyons pas.

Autuchon

(Hybride d'Arnold, n° 25)

Semis de Clinton, croisé avec le Chasselas doré. Excellent raisin blanc pour la table. Sensible au mildew dans les localités exposées à l'action de cette cryptogame. Joli feuillage vert brillant, bien découpé. Beau raisin blanc, long et très bon. L'Autuchon donne un excellent vin recherché à cause de la finesse de son bouquet. Cette vigne est très peu fertile et très chétive.

Golden Gem

Charmant petit raisin blanc, d'une grande transparence, ayant de l'analogie avec le Corinthe blanc, obtenu par Rickett d'un croisement avec le Delaware et l'Iona; ne paraît sensible à aucune des maladies cryptogamiques sévissant autour de lui sur d'autres cépages. Les grappes sont moyennes; serrées, les grains très petits, couleur jaune d'or à la maturité qui est assez précoce. Son fruit est légèrement musqué, généralement dépourvu de pépins, très sucré, excellent.

Secretary

(Voir aux hybrides producteurs directs noirs décrits plus haut, page 104.)

———— ✳◦◉◦✳ ————

Cépages américains de table roses ou rouges.

Emily

L'Emily produit un raisin d'un rose carminé d'une très grande fertilité mais d'une origine inconnue, probablement une hybridation de hasard, entre une variété américaine et un *Vitis vinifera* dont le sang domine évidemment, donne un vin blanc excellent, mûrit de bonne heure, est sensible à l'oïdium mais résiste à l'anthracnose et au mildew, craint le soleil.

Excelsior

L'Excelsior est un des meilleurs de tous les Américains de table, malgré sa maturité un peu tardive; goût de Muscat très prononcé, couleur blanc rosé; très fertile; semis de Rickett, d'un croisement de l'Iona avec un Vitis vinifera inconnu ; résiste assez bien aux maladies cryptogamiques, mais a une légère tendance à être atteint par le mildew dans l'arrière-saison.

Jefferson

Le Jefferson, raisin rouge clair très légèrement foxé et très sucré, obtenu par Rickett, du croisement du Concord avec l'hybride l'Iona; très productif, très vigoureux, résistant à toutes les maladies cryptogamiques répandues autour de lui.

Delaware

(*Hybride d'Æstivalis*)

Cette variété est appréciée déjà depuis longtemps; elle est productive et fournit un raisin de table rose au goût très aromatisé, qui donne un vin blanc très apprécié ; résiste au phylloxéra et à l'anthracnose; reprend difficilement de boutures. Ce cépage est peu vigoureux, mais fertile ; greffé, il donne une grande production.

Hybrides producteurs directs noirs à essayer pour la cuve.

(Ces variétés n'ont pas encore donné de résultats certains, mais elles ont été remarquées, soit à cause de leur vigueur ou de leur fertilité.)

Bacchus

(*Hybride de Riparia*)

Semis de Clinton, par Rickett, mais de beaucoup supérieur à ce cépage par la qualité et la fertilité. Vigne exubérante de végétation

OTHELLO

1

r
c
l
c
r

c
t
g

c
c
r
1

(

(

qui exige une longue taille. Elle donne beaucoup de petits raisins et
produit un raisin noir très riche en alcool et en tannin; n'est pas très
agréable au sortir de la cuve, mais s'améliore assez vite. Résiste bien
au phylloxéra et aux autres maladies de la feuille. Commence à se répandre dans le sud-est de la France. Nous croyons qu'on doit l'essayer
dans les terrains argileux forts de notre région; c'est un des meilleurs
porte-greffes.

Ariadne

Semis de Clinton et du Newburg (vinifera), obtenu par Rickett;
variété vigoureuse et saine, énormément fertile et hâtive. La grappe
est petite ou moyenne, compacte; le grain est petit, rond, noir, avec
une légère fleur bleue; chair molle, tendre, juteuse, douce; fait un vin
très noir, ayant du corps et du bouquet. Nous cultivons l'Ariadne dans
les sables où cette vigne a pris un grand développement et s'est
ouverte de petites grappes de raisins noirs, et réclame une longue
taille.

Pizarro

(Hybride de Riparia et de Vitis vinifera de Rickett's)

Le Pizarro porte une grappe très longue, le grain est moyen, oblong
t noir; chair très juteuse avec un très fin arome, disent les Américains. Ce raisin donne un vin rouge clair d'une grande richesse. Ce
cépage n'est pas chez nous très fertile et nous trouvons au raisin un
goût peu agréable. Maturité hâtive.

Peabody

(Hybride de Riparia et de Vitis vinifera)

Ce cépage est issu du Clinton et a été obtenu par M. Rickett, il y a
une douzaine d'années. Il est très vigoureux en bois et très fertile en
ruit. La grappe est de grosseur moyenne et très compacte; le grain
st gros, noir, avec fleur bleue; a la chair tendre, juteuse, succulente,
rès vineuse.

Advance

Un des nouveaux semis de Rickett's, croisement entre le Clinton et le
lack Hamburg, raisin de qualité supérieure et très précoce. Le grain
st noir, la grappe est grosse, longue, ailée; chair fondante, juteuse,
xcellente. Si cette variété est résistante, ce sera une bonne acquisi-
ion.

Highland

Une des plus heureuses productions de Rickett. Cet hybride a été obtenu par le croisement du Concord avec le Muscat du Jura. Cette vigne ressemble au Concord comme vigueur du bois et du feuillage; elle porte de nombreuses grappes très longues, très ailées, qui pèsent quelquefois une livre. Le grain est gros, rond, noir, avec une teinte bleue; la chair est juteuse, douce, vineuse et très bonne; c'est un vrai raisin de marché qui peut supporter les expéditions; son feuillage est exempt de mildew et d'anthracnose; ce sera un cépage d'avenir comme producteur direct, s'il est résistant; mais il ne faut pas oublier qu'il est issu du Muscat du Jura et malheureusement du Concord.

Hundington

Hybride de Rupestris et de Riparia, le plus précoce des producteurs noirs et le plus prompt à se mettre à fruit; floraison tardive (fin mai), maturité fin juillet.

Fertilité extraordinaire, grâce à l'innombrable quantité de ses petits raisins noirs. L'Hundington est vigoureux et résistant comme le Rupestris d'une manière absolue au phylloxéra. Mérithalles très courts, feuillage arrondi et serré.

Ne craint pas la coulure. Autant de fleurs autant de grains arrivant à maturité. Jamais trace de maladies cryptogamiques ou aériennes. La feuille reste jusqu'en novembre aussi saine, aussi verte, aussi brillante que pendant l'été. Vin très riche en couleur et d'un goût irréprochable.

Il n'est pas difficile sur le choix du terrain et pousse vigoureusement même dans les sols les plus secs.

Wawerley

(Hybride de Clinton et de Vitis vinifera, par Rickett)

Cépage vigoureux, très fertile; grappe moyenne ailée, tassée, grain noir, oblong, chair juteuse, saveur franche; maturité tardive; vin rouge vif, alcoolique. Le Wawerley est, dit-on, très résistant au phylloxéra, si on en juge actuellement par sa vigueur; mais il faut l'étudier avec soin avant de le propager en grand; du reste, il faut agir ainsi avec tous les hybrides nouveaux qui, malgré leur vigueur, sont issus d'un Vinifera.

N.-B. — Tous ces hybrides à essayer dont nous venons de donner la description, promettent d'être résistants à cause de leur descen-

dance du Riparia, et sipar leur croisement avec de bonnes variétés européennes ils donnent une faiblesse au point de vue de la résistance, ils apportent de grandes qualités au point de vue du fruit et du vin.

S'ils ne font pas de bons producteurs directs, ils pourront devenir de bons porte-greffes, s'alliant très bien avec nos anciens cépages.

Semis Solonis Laliman n° 1

M. Laliman a obtenu de semis des variétés fertiles portant des raisins noirs moyens ; grains serrés, jus très noir ; le feuillage et les sarments ressemblent au Solonis, dont ils ont tous les caractè es.

M. Laliman a obtenu de nombreux producteurs directs par ses nombreux semis qui ne sont pas sans mérite et qui sont pour la plupart issus du Solonis et du Gaston Bazile. Ce dernier cépage qui est une de ses meilleures productions, est devenu très fertile et son jus est un excellent colorant.

Hybrides Producteurs directs de M. Couderc, d'Aubenas (Ardèche)

Gamai Couderc (1)

(Hybride de Colombeau par le Rupestris-Martin - Semis de 1882)

Résistance au phylloxéra atteignant l'immunité phylloxérique complète. Peu sensible au mildew; grappes très nombreuses, quatorze à vingt centimètres de long; grain moyen, treize à quinze millimètres de diamètre, noir, ovale, très fin, fondant, à saveur française, à la fois acidulée et sucrée, sans aucun arrière-goût ; maturité de 2e époque, c'est-à-dire celle du Petit-Bouschet. Feuillage du *Rupestris*, mais à feuilles trilobées avec gaufrures caractéristiques vers l'ombilic. Son feuillage, son port semi-érigé, son bois gros court noué à gros nœuds aplatis lo-

(1) Extrait de la notice de M. Couderc.

distinguent facilement, ce qui est important au point de vue commercial et même agricole. Le *Gamai Couderc* est un des très rares hybrides de Vinifera et de Rupestris qui soient indemnes, a réuni les qualités les plus remarquables de ses parents ; sa mère, le *Colombeau*, est le cépage français le plus résistant au phylloxéra : c'est lui dont la souche, dans les calcaires blancs et secs de la Provence, atteignait une grosseur énorme et qui y était pour ainsi dire éternel ; son père, le *Rupestris Martin*, est le meilleur des Rupestris. Il est indemne de phylloxéra, sa vigueur est grande, et sa tenue ne fait que s'affirmer avec l'âge. Il a chez M. Martin, de Montels-Eglise, son importateur, 14 ans de résistance phylloxérique dans une argile blanche où presque tous les plants américains ont succombé à la jaunisse ; il porte chez moi, dans un terrain crétacé blanc où rien ne vient, des greffes superbes ; malheureusement, il prend très difficilement la greffe.

Gamai Couderc au contraire, avec une vigueur bien plus grande encore et une résistance égale, prend facilement de bouture et de greffe, grossit rapidement du tronc ; à moitié français par sa mère, il se soude mieux avec nos cépages français et portera des greffes d'une plus longue durée. Je ne saurais trop le recommander comme porte-greffe.

Cognac Couderc

(Hybride d'Emily par l'York's, Semis de 1881.)

Cépage très vigoureux, bien résistant au mildew qui l'atteint un peu sur les feuilles en automne, mais jamais sur le raisin ; aussi productif que n'importe quel cépage blanc français; débourrement tardif, maturité 2e époque, précoce; raisin blanc, grain quinze à seize millimètres de diamètre, légèrement foxé, mais juteux et à saveur à la fois française et américaine. Vin blanc sec, 11 à 12 degrés d'alcool ; sa résistance au phylloxéra est supérieure à celle de l'York. Extrêmement vigoureux même dans les terres blanches où il s'est à peine teinté de jaune au printemps et a eu la précieuse propriété de n'avoir pas un grain atteint de mildew ou de conyothirium, bien que dans l'Ardèche, 1888 ait été vraiment désastreuse. Par contre, son vin qui, fait avec des raisins un peu verts, n'avait pas présenté de goût foxé, a, cette année, fait avec des raisins très mûrs, un goût de fumée sensible ; ce goût disparaîtra probablement par les soutirages.

Producteurs directs américains de collection roses ou noirs à essayer pour la cuve.

Barry

(Hybride de Labrusca)

Hybride de Roger's. Précoce, fertile, résistant bien au mildew et aux autres maladies cryptogamiques; feuilles grandes, garnies intérieurement d'un duvet blanchâtre qui est le signe distinctif de tous les Labrusca et de toutes les variétés qui en sont issues; grappes moyennes, peu serrées; grains gros, globuleux; peau épaisse, résistante, d'un noir foncé; à la maturité qui est demi-hâtive, chair pulpeuse assez sucrée et foxée. Cette vigne résiste très bien chez nous depuis quelques années en sol argileux compacte, et donne abondamment une production régulière avec une taille longue. C'est dommage que ce joli raisin, du reste comme les variétés suivantes que nous décrivons, se rapprochent autant par leur goût des Labrusca.

Essex

Hybride de Roger n° 41. Joli raisin noir pour la table. La parenté avec les Labrusca et les Vinifera n'indique pas une résistance absolue. Néanmoins dans les terres fertiles sa culture peut être conseillée au moins comme plant d'étude.

Grappe de grosseur moyenne, compacte, ailée; grain très gros, noir, un peu aplati; chair tendre et douce, avec un bouquet aromatique prononcé. Mûrit de bonne heure; vigne vigoureuse, saine et prolifique. Feuillage indemne de maladies cryptogamiques.

Wilder

(Hybride de Roger's n° 43)

C'est un des hybrides les plus estimés et les plus populaires en Amérique; d'une très grande vigueur, d'une grande production et exempt du mildew et des autres maladies cryptogamiques.

Les grappes sont longues, lourdes; les graines sont grosses, globuleuses, couleur pourpre noir. La chair en est tendre et juteuse, agréable au goût; mais d'une saveur foxée comme tous les hybrides de Roger's. Le raisin mûrit de bonne heure, il est très estimé pour le marché, car il est de longue date et supporte les expéditions. Du reste, les hybrides de Roger's sont plutôt des raisins de table que de cuve.

Agawan

(Hybride de Roger's n° 15)

L'Agawan, très gros raisin rouge noir d'un goût spécial, cependant peu foxé. C'est une vigne très vigoureuse, régulière dans sa production, réussit chez nous dans un sol argileux fort et porte de beaux raisins remarquables par la grosseur de leurs grains. Ce cépage résiste aux maladies aériennes qui attaquent la feuille. Il faut lui donner une taille longue; on peut employer cette variété à former de magnifiques treilles.

Aminia

(Hybride de Roger's n° 39)

L'Aminia résiste bien au mildew; sa maturité est précoce; il est très productif; donne un beau raisin rouge vif.

Cette variété qui est rustique fournit de bons et gros porte-greffes.

Vergennes

Vigne vigoureuse et de forte végétation, les feuilles sont duveteuses et libres du mildew. Le Vergennes porte de bonne heure des raisins magnifiques à la teinte rose et pourpre. Ce cépage qui mérite d'être essayé produit en abondance un vin rouge assez bon.

Requa

(Hybride de Rogers n° 28)

Le Requa est remarquable par la couleur vraiment et extraordinairement rouge vif de ses raisins, dont notre Chasselas rouge ne donne qu'une faible idée. Le goût du Requa est foxé.

Hybrides de Roger's n° 8 et n° 32.

Ces variétés donnent annuellement en abondance de jolis raisins pourpres qui sont plutôt pour la table que pour la cuve. Leur goût est foxé comme tous les hybrides de Labrusca, mais avec un arome moins déplaisant.

Hartfort, Prolific de Vivie

(*Hybride de Labrusca*)

Obtenu par M. de Vivie de Nérac, d'un semis d'Hartford prolific, et propagé par M. Lespiault. Ce cépage est fertile, donne un joli raisin noir, peu foxé et résiste en sol argileux ; ses feuilles sont très saines.

Cépages de collection
Producteurs directs à vin blanc à essayer

Prentiss

(*Hybride de Labrusca*)

Excellente variété, très vigoureuse, excessivement fertile. Goût très acceptable quoique légèrement foxé ; c'est un semis d'Isabelle ; donne des espérances ; grappe petite, compacte, grain moyen, rond, presque ovale ; peau très ferme ; chair tendre, juteuse, douce, agréable.
Ce raisin se conserve bien.
Cette vigne est rustique, résiste au froid, exige une taille longue.

Lady Washington

Le Lady Washington, croisement du Concord avec l'hybride d'Allen's, obtenu encore par Rickett, très beau raisin blanc rosé, très légèrement foxé et très sucré, un peu sujet à la coulure, mais jusqu'ici très peu atteint par le mildew et l'anthracnose. Nous le cultivons dans les sables où il produit énormément, et son vin ne le cède en rien à celui du Noah.

Humboldt

(Hybride d'Æstivalis et de Riparia)

Vigne à grande végétation, très saine et exempte du mildew, excellent porte-greffe; reprend assez bien de boutures, produit un bon raisin de table de longue garde; sa production est faible, mais le vin qui est blanc, est fin, délicat, et légèrement parfumé. Taille longue, réussit en terrain argileux.

Transparent

C'est un hybride de Rommel qui paraît très méritant; il porte de jolis raisins blancs fort agréables au goût. Cette vigne est issue d'un croisement du Riparia avec une bonne variété blanche.

Gœthe

(Hybride de Roger's n° 1)

Très productif, raisins à gros grains un peu foxés; possède dans son fruit, plus qu'aucun autre hybride de M. Roger, le caractère de l'espèce d'Europe; en terrains argilo-sablonneux, cette vigne est vigoureuse, mais son fruit, quelquefois très abondant, est souvent sujet à la coulure. Devra être propagé dans les pays où on fait de petits vins blancs légers.

Lindley

(Hybride n° 9 de Roger's)

Ce beau cépage, qui produit un vin blanc et un bon raisin de table, rose, au goût parfumé, a été obtenu par l'hybridation du raisin Wild Mammoth de la Nouvelle-Angleterre avec le Chasselas doré. Les grappes sont de moyenne grosseur, ailées, quelque peu lâches; les graines sont rondes, de couleur rose foncé. Cette vigne est vigoureuse, rustique et productive.

Irwing

(Hybride d'Underhill's)

Un remarquable raisin blanc, issu du Concord croisé avec le Frontignan blanc. Le grain est gros, de couleur blanc jaunâtre, très charnu

NOHA BLANC

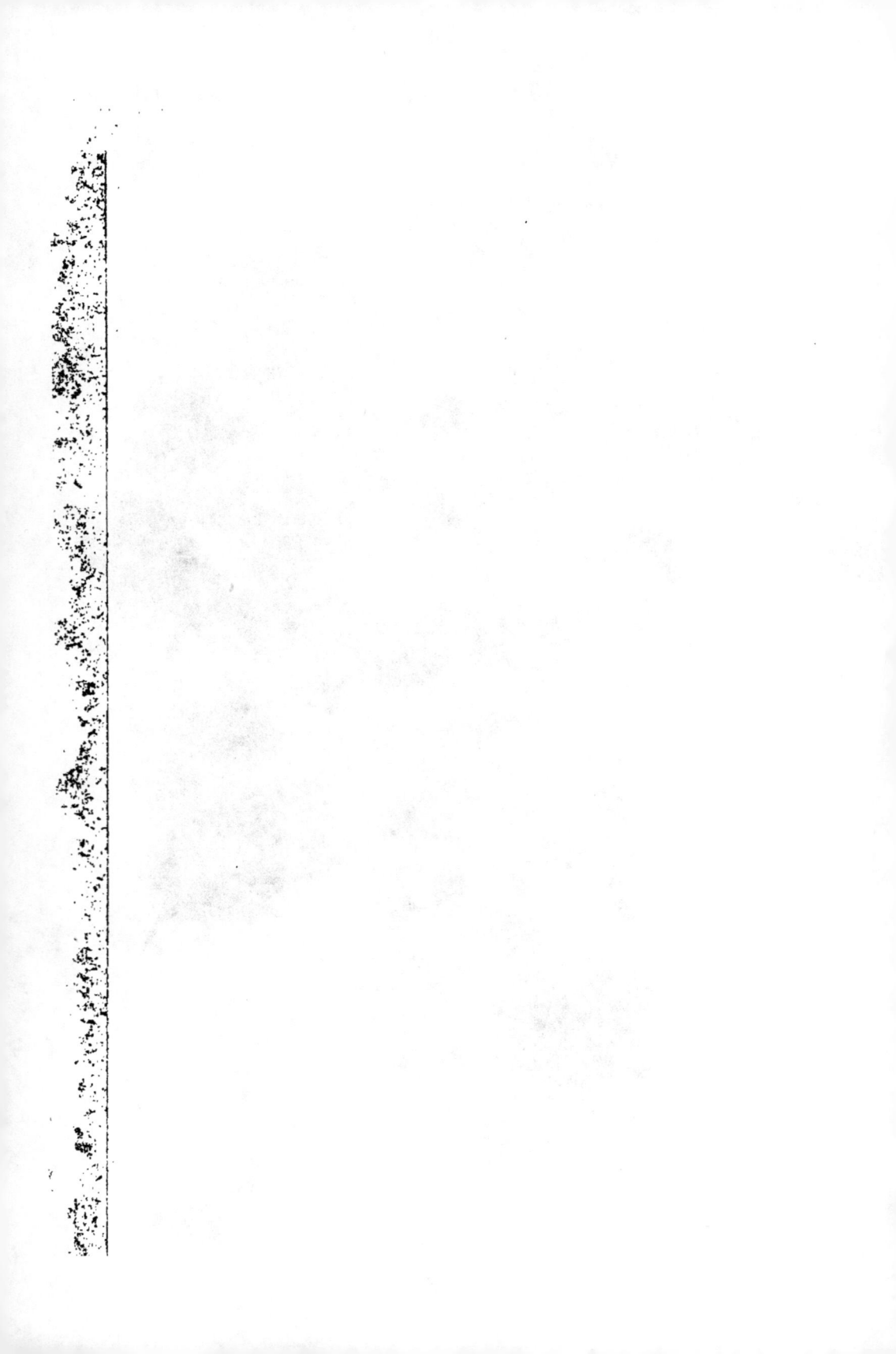

et d'une bonne saveur vineuse; le raisin est précoce et se garde bien l'hiver. Cette vigne est de vigueur moyenne.

L'Irwing peut être cultivé comme raisin de table et de cuve.

Purity

Croisement du Delaware obtenu par Camphell; doit son nom, dit-on, à la finesse et à la pureté de son vin ; cette vigne porte de petits raisins blancs exquis. C'est une sorte de Delaware blanc qui doit surtout être propagé comme raisin de table. Cette variété est très résistante au mildew.

Uhland

(Riparia hybride)

Semis de Taylor, aussi vigoureux et beaucoup plus fertile. Raisins petits ou moyens, mais nombreux, d'un goût fin et agréable.

Faith

(Hybride de Rommel's)

Cépage blanc, variable dans sa production, porte de jolis raisins assez agréables de goût.

Beauty of Minnesota

Cépage obtenu du croisement du Delaware avec le Concord, promet beaucoup; son goût est fin et délicat. Le raisin qui est à peau épaisse, ressemble un peu à celui de l'Elvira, mais il est plus gros et plus doré. Il supporte bien le transport, sa chair est tendre et sucrée ; son vin a dit-on, un bouquet agréable; doit surtout être recommandé comme raisin de table.

Etta

(Hybride de Rommel's)

Semis et perfectionnement de l'Elvira.

Le progrès, si progrès il y a, est peu sensible. Grande vigueur, beaucoup de raisins, aussi petits que ceux de l'Elvira.

Centennial

Très vanté en Amérique comme Æstivalis blanc, fertile, mûrissant tôt, se conservant tard; presque inconnu en France.

Rochester

Le Rochester, hybride d'origine inconnue, rouge clair. Bon goût de muscat, assez productif.

Pocklington

(*Semis de Labrusca*)

Joli raisin blanc de récente introduction.

Cette vigne est vigoureuse, robuste, fertile, exempte du mildew; les grappes sont grosses, très agréables à l'œil, car le raisin est teinté d'un coloris jaune d'or. Maturité tardive. Quoique le Pocklington soit issu du Concord, sa chair est tendre, juteuse et d'un goût peu foxé; le vin, dit-on, en est fin, avec un excellent arome.

Peter's Wylie

Variété vigoureuse, musquée, très inférieure aux autres hybrides de Wylie, surtout au n° 5.

Wylie n° 4

Ressemble au Taylor, comme feuillage, comme fruit et comme vigueur, produit de petits raisins. Vigne peu fertile.

Cépages de collection
à Fruits noirs, rouges ou roses.

Vignes purement de collection, de la famille des Labrusca ou semis de Labrusca, qui ne peuvent être admises dans les cultures, malgré la fertilité de certains cépages, à cause de leur goût foxé.

Early Victor

Obtenu d'un semis de Labrusca par John Barr, du Kansas, il y a une douzaine d'années. Cette vigne est saine, rustique, vigoureuse, productive; sa grappe est au-dessus de la moyenne, compacte, souvent ailée; les grains sont de grosseur moyenne, noirs pruinés et adhèrent au pédoncule jusqu'à ce qu'ils se flétrissent. La chair est molle, juteuse, vineuse et agréablement douce, sans goût foxé ; mûrit de bonne heure et peut cependant se conserver longtemps sur pied sans que le grain tombe.

Telegraph

Classé tantôt avec les Æstivalis et tantôt dans les Labrusca. Celui que nous possédons est un hybride vigoureux, avec des raisins à gros grains plutôt rouge brun que noir, au goût foxé, à gros bois dur; bon comme porte-greffe. Cette vigne est d'une production régulière et abondante, et végète vigoureusement dans un sol argileux.

Massasoit

Hybride de Roger's n° 3 très fertile, porte de jolis raisins roses, ayant le goût de fraise-ananas. Sa production est si grande qu'il est bon d'en avoir quelques pieds.

Merrimack

(Hybride de Roger's n° 19)

Ce cépage porte de jolis raisins noirs, mais est d'un goût foxé très prononcé. Vigne très productive.

Conqueror

(*Hybride de Labrusca*)

Le Conqueror est un hybride de Labrusca et de Riparia, vigoureux et résistant, peu fertile.

Montefiore

(*Hybride de Rommel's n° 14, Labrusca*)

Vigne assez vigoureuse, médiocrement fertile, reprenant difficilement de boutures; grappe petite, serrée, grain petit, noir rond, saveur spéciale; maturité assez hâtive. Cette variété, à son arrivée d'Amérique, a été très prônée, mais elle n'a tenu aucune de ses promesses et n'offre plus aucun intérêt.

Isabelle

(*Labrusca*)

Le premier cépage américain introduit en Europe et répandu partout vers 1853 comme résistant à l'oïdium. Une des moins résistantes parmi les vignes américaines, et résiste cependant à peu près dans toutes les régions de la France où elle porte tous les ans en abondance des raisins aux grains gros, juteux, ayant le goût de cassis. Cette variété n'offre qu'un intérêt pour les collectionneurs de vignes.

Concord

(*Labrusca*)

Souche assez vigoureuse, très productive, grappe assez volumineuse, grain très gros, noir rond; Maturité très précoce. Le raisin de Concord est très beau, mais en même temps très foxé. C'est cependant le cépage de prédilection des Américains pour la cuve et la table. Ne résiste pas en sol très argileux.

Neosho

(*Æstivalis*)

Cépage vigoureux, donnant de petits raisins noirs insignifiants, est surtout remarquable par son magnifique feuillage ornemental d'un vert brillant; très résistant au phylloxéra; doit être greffé.

DUCHESS

Champion

(Labrusca)

Raisins moyens à gros grains d'un noir d'ébène, d'un parfum de foxiness tellement développé qu'on peut le sentir de fort loin et fort longtemps, car il mûrit de très bonne heure et ne pourrit jamais. Vigne très productive.

Diana

(Hybride de Labrusca)

Semis de Catawba, réussit bien dans les sols chauds un peu secs et pauvres. Cette vigne est à végétation vigoureuse, il lui faut une taille longue. Les grappes sont moyennes, compactes; les grains sont ronds, rouge pâle, chair tendre, avec un peu de pulpe, douce, juteuse, goût foxé.

Janesville

(Labrusca)

Vigne vigoureuse et très productive, mais d'un goût très accentué ; résiste en sol très argileux et pousse de longs sarments ; belles grappes à gros grains noirs.

Hartfort prolific

Type du Labrusca comme précocité et goût foxé ; grappe moyenne, grain moyen; chair bien pulpeuse, assez sucrée.

Moore Early

(Labrusca)

Tout ce qu'il y a de plus foxé comme raisin, vigne très vigoureuse, d'une production régulière, très hâtive.

Ithaca

Hybride du docteur Parker. Grain jaune verdâtre, parfum de rose, et parfum semblable à celui du Chasselas musqué. Plant de collection à l'étude. Il nous paraît peu fertile.

Cambridge

(Labrusca)

Mauvais Labrusca dit M. Champin. Feuilles remarquablement orne-
mentales, énormes, gaufrées, boursouflées, couvertes en dessous d'un
épais feutre blanc qui plus tard tourne au fauve.

Creveling

A donné quelques espérances parce qu'on le croyait hybride d'Æstivalis. C'est surtout un Labrusca assez vigoureux et fertile s'il n'était
coulard ; pas recommandable.

To Kalon
(Hybride de Labrusca)

Vigoureux mais peu fertile, et donnant un jus grisâtre si épais que
le glucomètre ne peut s'y enfoncer.

Early Black

(Labrusca)

Raisin petit et foxé ; n'offre aucun intérêt.

Beauty

Hybride de Rommel's, grains rouge lilas ; peu fertile et de qualité
médiocre. Il faut se garder de le confondre avec le Beauty of Minnesota,
qui est bien différent et bien meilleur.

Bordeaux. — Imp. R. Coussau & F. Coustalat, rue Gouvion, 20.

82

www.ingramcontent.com/pod-product-compliance
Lightning Source LLC
Chambersburg PA
CBHW050112210326
41519CB00015BA/3935